儿童情绪心理学

吕建华◎著

西苑出版社
XIYUAN PUBLISHING HOUSE
·北京·

图书在版编目（CIP）数据

儿童情绪心理学 / 吕建华著 . -- 北京 : 西苑出版社, 2020.9
ISBN 978-7-5151-0763-9

Ⅰ . ①儿… Ⅱ . ①吕… Ⅲ . ①情绪—儿童心理学
Ⅳ . ① B844.1

中国版本图书馆 CIP 数据核字 (2020) 第 111767 号

儿童情绪心理学

ERTONG QINGXU XINLIXUE

责任编辑　汪昊宇　刘　崴
封面设计　张合涛
出版发行　西苑出版社 XIYUAN PUBLISHING HOUSE
地　　址　北京市朝阳区和平街 11 区 37 号楼 邮政编码：100013
电　　话　010-88636419
印　　刷　旭辉印务（天津）有限公司
经　　销　全国各地新华书店
开　　本　880mm×1230mm　1/32
字　　数　152 千字
印　　张　7
版　　次　2020 年 9 月第 1 版
印　　次　2020 年 9 月第 1 次印刷
书　　号　ISBN 978-7-5151-0763-9
定　　价　49.80 元

前言
preface

如果提问一个儿童，你今天过得怎么样？不论他的回答是“挺好的，今天挺开心的”，还是“别提了，今天特倒霉，被老师批评了”，抑或是“还行吧，也没有什么事，挺普通的”，提问者总会从他的表情、语气和动作中，接收和领悟出一种情绪，来判断他的真实感受。这种方法不仅在儿童身上适用，也同样可以用于判断成人的真实感受。因为情绪与生俱来，也伴随终生，从刚出生的婴儿到耄耋老人，每个人都会产生情绪。情绪更真实地反映人们的感受，同时也在影响人们的行为。积极的情绪（如开心、愉快、满足等）可以带给人们积极的体验，提高学习能力和活动能力，促进人际交往和身心健康。消极的情绪（如愤怒、痛苦、忧伤等）则降低人们的主动性和学习兴趣，严重时甚至会影响社会适应程度和身心健康情况。

因此，在家庭教育和学校教育中，儿童的情绪状态尤其成为关注的焦点。家长和学校教育者希望能够运用各种理论技巧，从更早的阶段识别和调节儿童的情绪状态，消除儿童的消极情绪体验，全面了解儿童的感受，从而引导儿童正确认知和表达自己的情绪，学会管理和调节情绪，更好地成长。

人类接触到客观事物时所产生的态度体验和相应的行为反应，就是心理学中对“情绪”的定义。人类和动物都会产生情绪体验，情绪简单又复杂。家长能够很快捕捉到孩子的情绪变化，但是大多数时候难以理解孩子当下情绪发生和变化的原因。孩子需要时刻保持开心和愉悦吗？如果孩子总是很平淡地对待发生的事情，是孩子太迟钝吗？当孩子哭闹、害怕、大发脾气的时候，有最佳的调节时机吗？什么时候采取强制策略？什么时候采取妥协策略？有没有儿童情绪调节的关键期？怎样让孩子不这么自私？怎样鼓励孩子更勇敢果断一些？

关于儿童情绪，心理学和教育学领域有很多的研究与探索，要解答上述这些问题，首先需要认知和了解情绪的特点，理解情绪如何产生和怎样发展的。情绪伴随着儿童年龄的增长而不断发展，它与孩子一起长大。与其说家长和教育者是在引导孩子驯服它，不如说是在鼓励孩子结交它。养育孩子的过程，其实就是在养育孩子的情绪。喜、怒、哀、乐，嫉妒和自豪，悲痛和兴奋，都是孩子需要体验的。每种情绪不止一种功能，在孩子的成长过程中也都不可缺少。儿童的积极情绪和消极情绪都不可避免，没有人从未悲观，也没有人能够永远乐观。

本书将分享关于儿童情绪的发生、发展、调节等方面的内容，协助家长和教育者在陪伴孩子成长的过程中，从更多的角度认知和理解儿童情绪，发现更多与儿童的各种情绪相处的方法。

目录
CONTENT

第三章 “教养”情绪——儿童情绪的调节

第四章 儿童的基本情绪

第一章

认知情绪

第一节　识别儿童的情绪

婴儿出生后会发出啼哭的声音，诗人将此描绘成“人生，从自己的哭声开始”。然而每个父母都知道，这个啼哭的声音，并不是婴儿在表达悲伤和难过的情绪，它背后有着生理学的原理：婴儿出生后第一次呼吸，胸廓伸张，气体吸入排出的过程冲击了婴儿的声带，因此产生哭声。从婴儿出生的一刻开始，父母就逐渐掌握了识别婴儿情绪的本领。从婴儿的表情、声音特点、时间判断婴儿是在表达生理需求还是在表达舒适与否。当孩子逐渐长大，父母还需要随时判断儿童情绪的真假，到底是伤心委屈的欲哭无泪，还是纯粹夸张的“干打雷不下雨”。父母和成人养育者判断与识别儿童情绪是否发生，通常依据的是与儿童相处过程中的经验。然而经验判断受到与儿童相处时间的长短，以及相处时的关注程度影响。当孩子来到学校，当孩子在户外玩耍，当孩子结交了朋友，当孩子观看了影片或者故事，孩子的情绪反应和表现往往会超出父母和成人养育者的已有经验。这时可能会发生误判。

其实，情绪是一种心理活动，是当人类接触到客观事物时所产生的态度体验和相应的行为反应。心理学家的研究已经发现一个完整的情绪体验过程由 3 个部分组成：主观体验、生理唤醒和外在行为。当情绪发生时，人们会产生一种主观体验，从主观角度表达出此刻的情绪感受是积极愉悦，还是消极悲伤；与此同时，还会有生理的变化，血液循环、呼吸心跳、肌肉神经都会不受控制地发生种种变化；此外，情绪还会伴有外在行为，如不同的面部表情和身体姿势。情绪的 3 个组成部分缺一不可，不论成人还是儿童，只有其一或者其二的部分发生，都不是真的情绪。因此，在识别儿童的情绪时，可以观察儿童这 3 个方面的情况。

情绪的第一个组成部分是主观体验，也就是情绪感受。不同的事物引发不同的情绪感受，同一事物有时会引起不同的人的相同感受，有时会引起不同的人完全相反的情绪感受。通常情况下，情绪的主观体验由人们的自我报告表达出来。从婴儿阶段开始，在无法用语言描述的时候，婴儿会用笑容和哭声表达主观的感受。到了儿童阶段，儿童逐渐使用语言表达当前感受到的是愉悦或是悲伤。父母会在对话中询问儿童“是不是很生气？”“是不是有点儿孤单？”因此，父母很容易掌握很多儿童喜欢的和厌恶的事物，在必要时会用来与儿童沟通以达到某种目的。例如，冰淇淋、蛋糕、游乐场等会引起儿童的积极情绪；牙医、黑暗、责骂等会引起儿童的消极情绪。

由于主观体验来自儿童的自我报告，有时也导致成人养育者对儿童的情绪判断并不准确。因为每个人的情绪主观体验标准不相同。同一个班级里的儿童，年龄一致，听到教师宣布要打预防针的时候，都会紧张，如果让他们按照 0 ～ 10 分的紧张程度打分，打分结果不尽相同。即使给出同样分数的两个儿童，他们之间的紧张程度也不能简单地被评定为是同等程度。因为每个儿童对紧张体验的经验和承受程度是不同的，承受程度高的儿童自评打分可能会低，承受程度低的儿童自评打分可能会高。这也使得父母或者成人养育者有时对儿童报告的情绪主观体验产生疑惑，为什么这么小的刺激，会让儿童有这样激烈的情绪，是否儿童在夸大？为什么这么大的刺激，儿童反而没有预想中剧烈的情绪反应，是否儿童情绪感受迟钝？即使由于同样的情景背景（教师宣布要打预防针）导致同一个班级的儿童产生焦虑情绪，对于每个儿童，诱发焦虑的具体的刺激也会有很大不同。有的儿童是因为害怕打针的疼痛而紧张，有的儿童是因为不理解预防针是什么而对未知的紧张，有的儿童是因为身边的同学们都在紧张被感染而紧张。而对于同一个儿童，在不同的时间点和地点，要打预防针所导致的紧张程度也会变化。譬如，儿童和信任的父母或成人养育者在一起，儿童第一个打预防针和最后一个打预防针的状态是不一样的等。人们的情绪主观体验因人而异，尤其对于情绪主观体验更加敏感的儿童，使得在识别儿童情绪时有很大的难度，尤其不能够单纯地从语词的表面意义进行判断，还需要父母和成人养育者结合更多的信息进行综合判断。

不过，有一个好消息是，有心理学研究人员发现，情绪主观体验与需要和动机有很大的关联。这代表着凡是符合人们需要的事物，引起的是肯定的、积极的情绪；那些不符合人们需要的事物，引起的是否定的、消极的情绪。尽管无法从儿童的表述中进行简单判断，但是，如果儿童表达出某种情绪感受，父母可以考察和评估诱发情绪的事物与儿童的需要和动机之间的联系，判断其是否符合逻辑，以协助识别和理解儿童的情绪。

情绪的第二个组成部分是生理唤醒，主要是指情绪发生时伴随的身体内部的变化。很多研究人员发现，当情绪发生时，人们的体温、心跳、血压、呼吸频率、内分泌、肌肉等都会发生变化，而且这种变化不受主观意识控制，是身体在自主神经系统的调节下发生的。因此，情绪生理唤醒也是与生俱来的，不论儿童还是成人，都会发生。

已有研究表明，恐惧会使外周血管收缩，心率和血压上升，口腔发干，毛发直立（即起鸡皮疙瘩）；愤怒会使心率和呼吸频率增加，手指温度上升，比较容易出现短暂的心肌缺血（如愤怒引发心脏病）；焦虑时人体的心率和血压上升，呼吸快速不规律，皮肤电导上升；等等。尽管不同的情绪会有不同的生理唤醒和变化，但是所唤醒的生理指标很多有交叉，比如，焦虑和愉悦都会引起心跳加速，愤怒和恐惧都会提高呼吸的频率；愤怒和幸福都会给上肢带来某种生理变化，体温上升；沮丧和悲伤都会使下肢的活动减少，腿和脚出现麻木等。儿童和成人的生理指标随时都在不断变化，用于调节人体适应环境中的温度、湿度、含氧量等，当情绪发生，这些生理指标会迅速地发生变化，有时并不需要借助仪器也清晰可见。研究人员发现，不同情绪的生理唤醒由于相互交叉，不同情绪的每种生理变化之间是不能够准确区分的，但是不同情绪在同一个生理变量上的唤醒程度是明显不同的。这意味着，如果只是给出生理变化的情况，无法准确反推当前的情绪种类，但是可以知道当下的情绪强度，甚至可以通过提高或者降低某个生理变量，达到缓解情绪强度的目的。因此，成人养育者无法单纯地以生理变化来定义儿童的情绪，但是可以根据不同情绪的生理唤醒程度，了解每种情绪对儿童的身心影响，获得儿童情绪的调节方法。

关于情绪生理唤醒方面的研究，和我们常说的“怒伤肝、喜伤心、忧伤肺、思伤脾、恐伤肾”内容一致。这也表明一旦人们长时间地处于某种情绪状态，就会影响身体健康状态。儿童阶段，人体的脏器器官、骨骼肌肉等都还在发育过程中，情绪自然成为影响儿童健康的因素之一。在生活中，情绪往往不是单一发生的，有时几种情绪感受交织在一起。持久的、不能自我调节的负面情绪削弱了儿童的健康。比较常见的一种被持久负面情绪影响的情景是压力状态。儿童期的主要任务是学习，父母与儿童的教养也离不开学习话题，几乎每个儿童都在面对学业压力。压力诱发的往往是恐惧、愤怒、悲伤交织的情绪。研究发现，压力感受与免疫系统的活动和唤醒有关。短期的压力（如考试前的压力），儿童会出现失眠、发烧、活动性降低、食欲下降的情况，虽然看上去儿童的状态与平时有不同，父母通常会担心，但是这些表现是免疫系统活动增强的结果，免疫系统活动增强是为了给身体提供能量、抵抗疾病。从生理指标的角度来看，父母此时可以不必担心，也可以通过其他提升儿童免疫力的方式适当缓解儿童身体的状态，如提供充足的水分和营养。但是长期的压力状态，反而会降低免疫系统的活性，此时儿童生病的可能性增加。持续的学业压力下的儿童，更容易生病。当然，这个对比的是每个儿童自己，并非不同的儿童个体之间。可见，成人养育者往往关注儿童的负面情绪，担忧负面情绪的影响，也是在所难免。在情绪生理唤醒的层面上，正面的、积极的情绪也具有缓解负面情绪的作用。积极情绪的生理指标变化相对较小，但是可以帮助身体从正在发生的负面情绪引起的生理指标的增加中恢复到平常状态。成人养育者通常会在儿童哭泣悲伤的时候，给予拥抱和礼物，用各种方式激起儿童的开心和愉悦。这也是情绪调节的合理有效的方法。只是难度在于无法判断愉悦的哪种程度可以抵消当前的悲伤、愤怒和抑郁。一颗糖果的惊喜和迈下楼梯的恐惧，言语夸奖的满足和在陌生人面前表达的焦虑，拥抱传递的关爱和错失运动会第一名的沮丧……对于不同的儿童，情绪的主观体验又有不同，这给父母和成人养育者带来新的困扰。

情绪的第三个组成部分是外在行为，通常是指语音语调、面部表情和身体姿势。情绪的外在行为是情绪表达的重要途径。当情绪感受发生时，人们很少直接说出当下情绪的主观感受，也不会将情绪引发的生理唤醒统计出来，而是通过语气、表情和肢体动作表达出来，从而获得安慰、支持、肯定、道歉等反馈。情绪表达实现了与外界沟通的目的。婴儿天生就会通过外在行为表达情绪，如微笑、皱眉、四肢蹬动等。婴儿出生后可以表达出开心、惊讶、恐惧、愤怒、兴趣和悲伤，这些情绪不需要学习和教导，属于遗传本能。随着儿童逐渐长大，对骨骼肌肉的控制逐渐熟练，表情和肢体动作也开始受到调节与控制，儿童会通过成人的反馈和引导，学习在特定的情景下控制不合适的情绪，在适合的情景中表达符合社会化的情绪，甚至学会了夸张、谎报和隐瞒情绪。当儿童第一次来到幼儿园，因为与父母分离的焦虑，因为对陌生环境的恐惧，儿童会流泪、喊叫、抱着父母，极力地表达此刻的痛苦和排斥。父母们有的温柔安慰，有的故作冷酷，有的顺从儿童的要求带其回家，有的试图用语言或道理和儿童达成协议。儿童也会不断尝试和学习，将哭声和情绪动作更加夸大，或是停止肢体动作，更多地运用表情，或是终止情绪表达和释放。儿童会根据父母的反馈，逐渐学会自己的哪种情绪可以获得父母和成人养育者的关注与反馈。有人将父母与孩子之间的关系形容成一种博弈，而在情绪方面，儿童就是在父母的反馈中，通过情绪的外在行为表现学会了情绪的调节，父母通常也更多地通过外在行为判断儿童的情绪状态。

比起主观的自我报告，人们更相信客观的行为观察。在情绪表达的过程中，心理学家发现语言只能传递不到 10% 的信息，90% 的信息通过声音语调和肢体信息表达。在同样的社会文化中，肢体信息尤其表情是成人与儿童共有的特点。关于表情的编码研究成为人们试图破解他人情绪的密码。人们统计微表情信息，分辨犯人和异己者。当然很多父母和成人养育者也希望能够掌握一定的表情线索，识别儿童的谎言、隐藏情绪。譬如，瘪嘴角、手扶额头表示对自己说的话没有信心，代表犯错、羞愧和惭愧；摸鼻子代表有所隐瞒，想要掩饰；真心的微笑者在眨眼睛表明想到了开心的事情；眼角没有皱纹多半是假笑；说谎时眼神和手指方向不一致，有摸脖子之类的机械动作。行为学家的确给出了很多信息，但是并非人人都能熟练掌握。

当语言和外在行为相矛盾的时候，人们相信外在行为比语言本身表达出更多的信息。但是语言本身并非情绪的主观感受，只是表达的信号之一。如果在操场边看到一个攥紧拳头、流泪的男孩，人们的情绪判断会倾向于是悲伤。如果这个男孩穿着球衣，在赛场上刚刚完成一场比赛呢？也许判断会是喜极而泣和激动。

如果男孩所在的球队失败了，或者男孩是一直没有机会上场的替补呢？如果男孩语气兴奋地说“我没事”呢？父母在识别和观察儿童情绪的时候，可以参考并借助外在行为信息，但是也不能忽略儿童表达的主观感受，这个自我报告不是简单的“我很好”“我很痛苦”之类的形容，而是“我现在很内疚”“我很开心”“我害怕”之类具体的情绪分类。

第二节　区分儿童的情绪

父母是敏感的，即使儿童没有明显的外在行为，父母也会觉察到孩子情绪的变化。我们将儿童情绪进行分类，一方面可以帮助儿童更加清晰地认知和表达自己的感受；另一方面也可以使父母更加理解儿童的感受，不会出现误会，最终完成情绪调节。心理学家为了便于研究，按照各自的研究范式有不同的情绪分类方法，本节将介绍 3 种便于成人养育者理解儿童情绪特点的分类方法，以及情绪的 3 种状态。

情绪的第一种分类方法：积极情绪和消极情绪。根据情绪所造成的影响与结果，凡是促进问题解决，对人的行为有助力作用的，归类为积极情绪；凡是阻碍问题解决，对人的行为有减力作用的，归类为消极情绪。通常情况下，积极情绪包括开心、愉悦、自豪、满足、平和、兴奋等；消极情绪包括恐惧、气愤、懊悔、抑郁、沮丧等。这种分类方法是父母和成人养育者经常使用的。如果让父母列举自己的孩子曾表现出的积极情绪和消极情绪，父母很快就可以完成答案。父母在教养的过程中一直致力于将儿童的消极情绪转变为积极情绪。逐一对比一下父母列举的每种情绪的影响结果，就会发现，满足的情绪也会引起孩子的懈怠，对某次测验失误的懊恼也能促进孩子的认真复习。情绪影响和情绪引起的个体感受是不同的，那些愉快和开心有可能导致消极的影响，那些痛苦和悲伤也有可能带来积极的影响。父母在认知儿童情绪的时候，如果采取此种分类方法，须注意分类标准是对行为产生的影响，避免陷入儿童只能开心、不能伤心的调节误区。

情绪的第二种分类方法：基本情绪和复合情绪。婴儿在出生后，根据遗传本能可以表达出开心、惊讶、恐惧、愤怒、兴趣和悲伤的情绪，这些情绪不学而能，被称为基本情绪。由几种基本情绪组合而成的情绪是复合情绪，例如，焦虑集合了内疚、担忧、愤怒和痛苦，敌意复合了厌恶、愤怒和轻蔑，爱包括了焦虑、期待、内疚和恐惧等。本书接下来的分享也按照这种分类方法。

基本情绪在婴儿出生后到 6 个月的时间里逐渐显现。随着神经肌理的成熟，包括天生眼盲的婴儿在内，所有的婴儿都可以通过表情来表达基本情绪。我国心理学家孟昭兰教授将基本情绪总结为快乐、兴趣、惊奇、厌恶、愤怒、恐惧和悲伤。成人在见到小婴儿的时候，经常的互动就是在引起婴儿的情绪，对于 6 个月内的婴儿，可以从基本情绪的诱发进行尝试。随着成人对婴儿的反馈和互动增加，婴儿的基本情绪也开始分化出不同的含义。哭可以代表饥饿、疼痛，也可以是因为成人的责备、玩具被拿走、被突然出现的声响惊吓、父母的离开等。基本情绪开始和婴儿的经验、人际交往、语言联系起来。当婴儿超过 6 个月，成人养育者需要辨认婴儿基本情绪发生的原因，有助于理解婴儿的真实需求和感受。

复合情绪包括爱与依恋、焦虑、抑郁、敌对、自我意识情绪（自尊、自傲、自豪、自卑、自信）（在下文中我会继续分析每种复合情绪对儿童的影响与调节方法）。复合情绪具有后天学习的特点。在与成人的互动中，婴儿逐渐长大，学会了通过反馈信息来确定他人的心理状态和偏好，并以此来决定自己的行为。在1岁以后，他们出现了更丰富复杂的情绪：尴尬、骄傲、妒忌和羞耻。复合情绪是婴儿社会化的表现，也反映了父母与婴儿最初接触的特点。心理学家认为，据此可以在一定程度上推测出父母对婴儿需求满足的及时性，以及父母对婴儿鼓励的话语多，还是批评的话语多。

情绪的第三种分类方法：将所有的情绪放在一个整体中，它认为各种情绪之间可以按照某种规律和顺序进行排列。就像在超市货架上的饮料，可以按照价格、口感、厂家等规则将其进行摆放，便于挑选和比较。情绪也可以按照某种特点（心理学中称为“维度”）将所有的情绪排列摆放。只是维度并不如分类饮料那么直观。1980年，有学者按照情绪的主观体验和生理唤醒两方面的指标，将情绪按照一个环形排列。具体来说，是按照情绪的愉快程度和强烈程度分类。愉快程度是指从愉快到不愉快，强烈程度是指从中等强度到高等强度。具体来说，如下图所示。

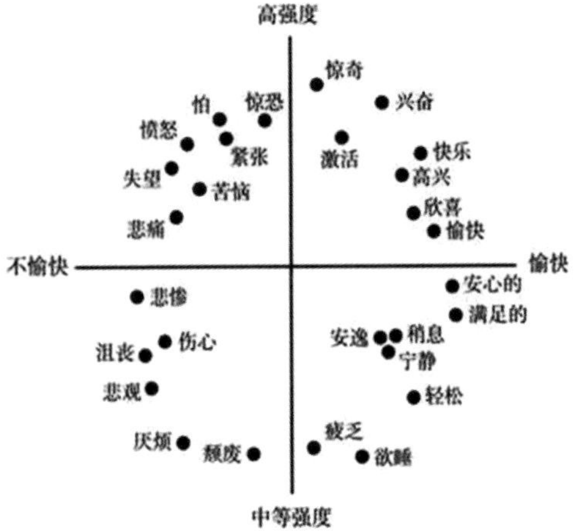

根据维度分类，有利于将不同情绪进行比较。例如，“惊奇”和“惊恐”两种情绪都属于高强度，但是“惊奇”伴随的是相对愉快的体验，“惊恐”伴随的是相对不愉快的体验。如果父母在这种排列中找到儿童的情绪，可以更加清楚如何帮助儿童认知和调整自己的情绪。环形排列的情绪之间比较相似，在现实生活中常常同时出现，这需要父母避免单一评判儿童的情绪体验。当然这种分类中，维度也随着研究的细化有所不同。不论分类维度如何变化，它都在提醒父母，儿童各种情绪之间没有泾渭分明的界限。

除了按照情绪的内容、种类进行分类，还可以按照情绪发生的强度、持续性和紧张度，把情绪的存在方式分为激情、心境和应激 3 种状态。

激情由某个具体事件或原因引起，通常当场发作，产生欣喜若狂或者暴跳如雷的强烈情绪。其生理唤醒水平很高，是一种爆发快、强烈而短暂的情绪体验。在激情状态下，人们的理智分析能力受限，自我控制能力降低，甚至不能正确认知行为的意义和后果。例如，球赛结束后两支球队球迷的群殴，音乐节现场的酣畅淋漓、痛快释放。激情和青春期时的情绪特点很像，青春期时的情绪热烈而冲动，最易因为小的摩擦而做出冲动的行为。因此，父母在孩子进入青春期后要关注其在激情状态下的不当行为。激情持续时间很短，既会产生消极作用，也会产生积极作用。消极方面的结果是伤害性的行动，积极方面的结果是迸发巨大能量，有利于自我激励、提高效率。例如，比赛时的加油呐喊。激情爆发时，也是情绪宣泄的过程。父母面对激情爆发的儿童，尤其需要理智冷静，可以根据情况适当等待其爆发结束，再进行安抚。

然而有些情绪发生后，会持续很久，甚至离开原本的情绪诱发事件后，还导致生活和人际交往都沉浸在这种情绪中。此时，儿童的情绪状态就是心境。心境是一种具有感染性、比较稳定、持续时间较长的情绪状态。心境可以持续几个小时、几周、几个月甚至一年以上。心境平稳、微弱，可能是愉快的，也可能是不愉快的。起初由某个原因引起，但是在心境状态下，诱因已经扩散。例如，儿童交到了好朋友，保持了愉快的心境，他们开始活跃、宽容、对身边的事物报以积极的心态。又或者儿童经历了亲人离世，陷入悲伤的心境，就会萎靡不振，感知和思维麻木，所思所想都是伤心的事情。所谓“忧者见之而忧，喜者见之而喜”，面对处于心境状态下的儿童，父母需要耐心寻找被隐藏的原因。

生活中还会有很多不可预料、突如其来的事件，尤其在意外和危急情况下，人们会表现出一种极度紧张的情绪状态，这就是应激。例如，突发的灾难、突然的故障、亲人的突然离世、生活环境的突然改变等。应激状态下，生理变化急速，心率、血压和肌肉紧张度都急剧变化。应激带给人们的影响有两个方面，一方面激活了人们的状态，人们思维敏捷，急中生智，甚至爆发出超乎平时的意志力和勇气，如地震中保护子女安全的父母，或者因为家庭变故，好像一夜之间成熟起来的孩子；另一方面也会导致人们行为紊乱，不知所措，大脑空白，意识狭窄，无法判断，就像火灾中慌不择路，或者因为亲人离世而麻木、恸哭、失去理智思考。长期的应激状态会导致免疫力下降，影响身心健康。当儿童经历或者目睹父母经历重大的灾难，甚至威胁生命的事件后，有时会产生强烈的生理反应和心理反应，反复出现这些痛苦的回忆，在幼儿身上，他们变得急躁、呆滞、畏惧夜晚、常做噩梦、异常黏人；学龄期的儿童会出现攻击性行为、拒绝上学、胃疼、头疼、注意力下降等现象；青春期前期的儿童则会出现自我伤害的行为，觉得生活不真实，以及表现出言行不一致，哭笑打滚情绪剧烈，有时甚至会不知道时间、地点和自己是谁。这时，儿童可能陷入了创伤后应激障碍，父母需要带着儿童到专业的心理医院进行调节和治疗。

第三节　发挥儿童情绪的功能

情绪是经过长期的进化，逐渐完善和发展到现在服务于全人类的反应。在人类漫长的进化过程中，情绪也在不断地发展，心理学家发现，婴儿到成人的成长过程实际上展现了人类情绪进化的社会化过程。2015 年，美国上映了动画片《头脑特工队》，将大脑中的基本情绪具象化，将大脑的工作过程和儿童的种种行为设定为由这些情绪在操作着。快乐负责掌控主人公的开心，大部分的时间都是由她来掌控孩子的大脑，随着她离开控制中心，主人公陷入了消极的情绪中；愤怒的任务是为主人公争取权益，爸爸说不吃西兰花就没有小点心，愤怒就会出场，表达反抗；恐惧关注主人公的安全，他觉得生活中处处都是危险，需要时刻留意，在主人公玩游戏的时候，看到面前出现一根电线，恐惧立即主控，让主人公小心翼翼地迈过去；厌恶负责主人公的谨慎，现在和曾经的事物，她都很挑剔，当主人公来到新的班级，厌恶会操控主人公在结交新伙伴的时候多一些考虑；悲伤在动画片中一直无精打采，只会让主人公陷入哭泣，在动画片的开始，大家都希望她能尽量远离控制中心，甚至画了一个圈让她停在原地，但是当悲伤离开后，主人公的愤怒、厌恶、恐惧都无法帮助她表达出自己的真实感受，反而更加难以适应环境。最后，几个基本情绪携手让主人公成功适应了新的环境。随着主人公的长大，他们的操作台也变得更加复杂。父母其实可以通过这部影片在一定程度上理解大脑的工作机制，理解情绪的功能。其实情绪的功能并不是单指某种情绪发挥的作用，而是所有的情绪统一发挥的作用。具体来说，情绪有适应功能、动机功能、组织功能和社会功能。

情绪的适应功能在婴儿出生的时候就开始了，婴儿需要成人的哺育和照顾才能生存下来。可以说婴儿时期他们是被动的，但是每个父母都有这样一个共识：从孩子出生的一刻起，他们就失去了自己，在孩子面前永远被动，尤其在婴儿时期，父母的睡眠、休息、工作、人际、生活重心都由婴儿掌控。这种矛盾的结果就是情绪的适应功能，人们根据情绪感受在新的环境和新的变化中采取新的措施。婴儿天生具有情绪感应和情绪表达的能力，在没有掌握语言之前，婴儿通过情绪和成人养育者互动，相互配合，满足成长所需的物质条件。当然，婴儿的情绪反应只有在成人的回应中才会发挥作用，如果成人养育者想摆脱这种被动，故意忽视，婴儿也无可奈何，但是这导致的后果会影响至婴儿长大后，甚至影响其社会适应，出现糟糕的局面。通常成人养育者都不会希望看到这种结果，况且当婴儿对经常照料自己的成人展示出主动的微笑时，也会唤起成人的爱意。随着婴儿逐渐长大，面对不同的环境，他们会运用不同的情绪不断尝试和互动，直到适应新的变化，找到新的平衡。因此，父母和成人养育者需要做的是回应儿童各个阶段的情绪反应，帮助儿童探索出合理的方式去适应和度过每个人生阶段。

情绪的动机功能体现在儿童采取某种行为或者避免某种行为的时候。当某种行为能够带来愉快和喜悦，儿童会努力地做某件事。例如，儿童因为做家务被夸奖，所以愿意继续做家务。当某种行为导致的是恐惧、痛苦，儿童会避免做某件事。例如，儿童因为触碰尖锐的物品感受到疼痛，就会尽量避免再次触碰。然而儿童每天喜欢做的行为和回避的行为是交织在一起的，父母在回应的时候也没有特别指明原因，所以儿童的行为有时也会得到错误的连接。当儿童触碰尖锐的物品感受到疼痛，儿童会哭泣，父母这时会有安慰，有时为了安抚会准备糖果。父母的安抚虽然指向的是儿童的哭泣，但是儿童可能会觉得受伤就会有糖果，所以会故意接近危险。父母在与儿童的互动中，需要时刻注意安抚回应的是情绪而不是行为，因为伤心所以会有安慰，但是儿童的行为可能是对的，也可能是错的，关于行为的引导不能缺失。情绪的动机功能体现了情绪与儿童的行为之间的联系，父母可以通过情绪调节儿童的行为，比如，通过诱发兴趣和好奇，鼓励儿童学习，而责骂和抱怨诱发的是消极的情绪体验，反而减少儿童的学习行为。然而有些情绪同时可以增加和减少行为，例如，悲痛可以使人消沉，也可以使人转化为力量。这提醒父母：在调节儿童行为的过程中，需要合理运用各种情绪。

情绪具有组织功能，在不同情绪状态下，儿童可以运用和发挥身体的功能是不同的。在不同的情绪强烈程度下，儿童的认知、行为会有不同的反应。前文提道，在激烈的情绪唤醒状态里，儿童易冲动，注意力狭窄，身体动作受到影响。心理学家发现，通常来说良好的情绪促进大脑的活动，提高行动效率。不良的情绪阻碍干扰大脑功能，尤其恐惧的感受越强烈，注意力、记忆力和行动力都会大大降低。对于比较难的任务，低水平的情绪唤醒有利于提升行为效果；对于中等难度的任务，中等程度的情绪唤醒有利于提升行为效果；对于简单难度的任务，较高程度的情绪唤醒有利于提升行为效果。因此，在带领儿童学习单车或进行某种任务的时候，并不是让儿童越兴奋越好。父母需要根据任务的难易程度，适当唤醒情绪强度。越是复杂的任务，越要协助儿童调节情绪保持在平稳的状态。过于紧张或者兴奋带来的会是失控的场面。

情绪的社会功能体现在儿童的人际交往过程中。此时情绪如同一个信号，传递儿童言语不曾表明的内容。情绪交流比言语交流更早地发生。当婴儿主动地对成人养育者展示微笑，这时婴儿的情绪开始具有社会性，他开始尝试和成人进行互动，开始学会与他人的交往。人具有社会性，每个成人和儿童不论是否愿意，都需要各种交往才能生存下来。积极的交往体验，如关爱，使人们之间的连接紧密。儿童体会到交往中的爱，促使他们分享、互助、有责任感。消极的交往体验，如尴尬，使人们之间保持界限。儿童体会到人际交往的尴尬，促使他们控制和调节自己的言行，协调与他人交往的距离和界限。不论是哪一种情绪，都为儿童的人际交往和社会化提供了信号。这些信号逐渐形成了儿童对待他人的态度和信念。

情绪的不同功能从各种角度促进了儿童的成长，父母不必过分担忧儿童阶段的情绪起伏，这都是儿童正在成长的信号。如果各位父母和成人养育者总是难免担忧，不妨坐下来看一看《头脑特工队》，这是一部全年龄段的电影，可以帮助我们理解儿童的情绪、记忆、想象、潜意识的交互作用。

第四节　儿童情绪的科学观

情绪对人的成长如此重要，与情绪有关的工作者、专家，都有一些关于情绪的认知。然而在科学界，关于情绪的理论仍有很多未验证。不同研究人员对不同角度的情绪理论只能达成部分共识，不过这部分共识已经可以用于指导父母和其他成人养育者理解儿童的情绪特点。下面分享关于情绪的生理学理论和情绪的认知理论。

情绪的生理学理论强调情绪的生理唤醒，认为生理唤醒是情绪的诱发因素。儿童并不是因为难过而哭泣，而是因为感觉到眼泪流出、心跳、血压的变化，进而哭泣，从而感受到难过的情绪。最具代表性的理论是詹姆斯－兰格理论，该理论认为当刺激情景发生时（儿童在路上遇到一只小狗），刺激会引发生理反应（心跳加速，迅速逃跑；或者心跳平和，体温上升，蹲下来抚摸），大脑会对生理反应做出觉察和判断（这属于恐惧或愉悦），最终感受到情绪主观体验（恐惧或愉悦）。詹姆斯－兰格理论认为生理唤醒先于情绪主观体验，如果适当地控制生理唤醒程度，就可以调节情绪。例如，根据愤怒时躯体温度会上升，可以通过降低身体温度来降低愤怒的程度。燥热的天气常使人失去耐心发生口角，就是因为身体温度的上升增加了人们对愤怒情绪的体验。因此，在儿童体验到紧张、恐惧的情绪，呼吸心跳加速的时候，可以通过深呼吸调整心率，保持或提高双手的温度，让儿童在生理层面先得到缓解，情绪体验也就随之改变了。现在很多情绪调节方法就是参照情绪的生理学理论，通过调整生理唤醒程度，体验新的情绪。例如，一定程度的运动、舞蹈、微笑练习、大喊和呼吸调整，都会使儿童放松下来，缓解不良情绪，体验良好的情绪。

然而情绪种类众多，每种情绪对应的生理唤醒只有程度不同，并非是完全独立的一套模式。那些生理唤醒程度相近的感受，儿童是如何区分的呢？如果完全控制住不产生生理变化，是否就不会产生情绪主观体验了呢？这两个疑问使得詹姆斯－兰格理论不那么牢靠。随后也有其他的心理学家提出了关于生理唤醒和情绪主观体验之间不同的理解角度。但是不论如何看待二者的关系，情绪的生理学理论为父母提供了一种应对儿童情绪的方法。日常教养中身体的协调有利于保持良好的情绪。尤其当儿童拒绝吐露情绪的原因，情绪刺激事件无法改变，或者出现心境状态时，通过生理调节的方法可以先缓解儿童的不良感受。

情绪的认知理论强调认知加工过程（大脑的判断和解释）对情绪的影响。儿童难过哭泣，是因为大脑将刺激事件解释为悲伤的，所以体验到悲伤情绪，并做出哭泣的表情和行为。最先阐述这种观点的是阿诺德评定－兴奋理论。该理论认为，情绪刺激发生时（儿童在路上遇到一只小狗），儿童根据已有的记忆进行评价（妈妈说过小狗是危险的；或者家中也养过一只很像的小狗；或者那只小狗属于柯基），然后产生相应的情绪（恐惧、欣喜或者平静），并诱发不同的行为（赶紧离开；或者停下来抚摸；或者继续走路没有特别的行为）。这个情景结束会保留在记忆中作为下一次情景的判断依据。在情绪认知理论的指导下，父母和成人养育者不仅要在情绪刺激发生、儿童有情绪主观体验的时候发挥教养作用，在平时也要对儿童进行各种认知引导，协助其对情景进行判断。当儿童因为刺激事件陷入不良情绪的时候，也可以通过改变儿童对刺激事件的判断和解释，从而诱发新的情绪且具有适应性的情绪主观体验。

然而情绪的认知理论有一个很大的局限性，就是儿童的认知能力的发展。儿童阶段，判定事件的对错多依据权威，从新的角度去解读和理解，需要儿童逻辑分析能力、抽象思维的发展成熟。所以父母和成人养育者通过认知调节儿童情绪的时候，需要转换成人的认知视角，以儿童可以理解的方式进行。在一个综艺节目中，曾有一位父亲带着分别为 5 岁和 3 岁的两个儿子去参观博物馆，两个孩子在博物馆里很兴奋，一直喊叫和乱跑，父亲把他们带到休息区，指着博物馆的保安，对孩子说，博物馆里不允许喊叫和乱跑，这样下去会受到惩罚。两个孩子完全不理会也不理解。这时父亲偷偷在嘴里放了一个假的舌头道具，然后做出痛苦的表情，“大舌头”地说好痛，两个孩子很紧张地看着父亲。然后父亲吐出舌头道具，孩子们以为父亲因为自己的行为受到了惩罚，很担心，甚至开始合掌祈祷。父亲看到孩子们意识到行为的严重性，于是又露出真正的舌头。接下来再参观的时候，孩子们时刻控制着自己的兴奋，跟在父亲身边，小声地讨论。

不论情绪的生理学理论还是情绪的认知理论，都存在一定的局限性，也只能解释情绪的部分表现。关于儿童情绪教育的科普读物和方法有很多，还有很多关于情绪与儿童成长关系的假说，父母需要客观判断，结合每个儿童的情况不同去运用，切不可生搬硬套，僵化使用。尽管情绪如此常见，在生活中我们也积攒了很多的独特经验，使我们有很了解它的错觉，但是需要注意的是，从心理学家到生物学家、人类学家和教育学家，对情绪的科学研究还在进行中，过于自信生活经验和使用未经证实的假说，反而对儿童的成长不利。不过父母不必过分担忧，毕竟关于情绪的构成、分类、理论、功能，其实都是人们的总结和梳理，其根本目标是协助父母多角度、多层面地理解儿童的感受。

第二章

情绪与儿童一起长大

情绪具有遗传性，婴幼儿天生可以表达情绪，并通过情绪与成人进行沟通。随着儿童的生理发育成熟，社会化的程度越来越深入，儿童对情绪的掌控也逐渐加深，可以表达出更复杂的情绪，理解他人的情绪，并进行自我情绪调节以及对他人的情绪进行安慰。在儿童不同的年龄阶段，情绪展现出不同的特点，情绪伴随每个人成长，它会和儿童一起长大。

第一节　0 ~ 3 岁婴幼儿的情绪发展特点

0 ～ 3 岁的婴幼儿虽然逐渐掌握了语言，但是语言表达还不熟练，这个阶段，情绪仍是他们与周围世界、成人养育者之间进行互动的主要方式。这个阶段的情绪具有冲动、易变、外露、逐渐社会化的特点。虽然婴幼儿天生已经可以表达出 8 ～ 10 种基本情绪，但是每种情绪的发生时间和诱发原因是不同的，孟昭兰教授通过研究总结了以下发生时间表。

表格总结的是婴幼儿情绪发生的一般规律，然而面对每个婴幼儿时又有具体的不同，父母在养育过程中可以参照下页表。

情绪类别	最早出现时间	诱因	经常出现时间	诱因
痛苦	出生后1～2天	机体生理刺激	出生后1～2天	机体生理刺激
厌恶	出生后1～2天	不良气味或味道	出生后3～7天	机体生理刺激
微笑反应	出生后1～2天	睡眠中机体生理过程的节律反应	1～3周	机体生理刺激或触及面颊
兴趣	出生后4～7天	适宜光、声刺激	3～5周	适宜光、声或运动物体
愉快（社会性微笑）	3～6周	高频语声和人的面孔刺激	2.5～3个月	人面孔刺激或面对面玩耍
愤怒	4～8周	持续性痛刺激	4～6个月	机体生理刺激或身体活动持续受限制
悲伤	8～12周	持续性痛刺激	5～7个月	与熟人分离
惧怕	3～4个月	身体从高处突然降落	7～9个月	陌生人或新异性较大物体刺激
惊奇	6～9个月	新异性刺激出现	12～15个月	机体生理刺激
害羞	8～9个月	熟悉环境中陌生人的接近	12～15个月	机体生理刺激

快乐是每个成人养育者都期待看到的儿童情绪，但是从表格中可以发现，婴幼儿的第一次微笑反应并没有特别的主观体验的意义，只是身体的自然反应。其实每个婴幼儿的情绪感受具有天生的差异，有的婴幼儿只用很小程度的触碰和刺激就可以体验到快乐，有的婴幼儿能够感受到快乐的刺激相对要求程度较大。因此，父母首先一定要接纳自己的孩子，他们天生不会和其他的孩子有完全相同的情绪反应，他们的最小情绪激动诱发点不同。婴

幼儿出生1～3周左右，会辨认出成人养育者经常发出的语音，并有微笑反应，5周之后，开始对人的面孔有微笑反应。此时，成人养育者可以用娃娃图片、类似脸孔的图形等诱发婴幼儿的微笑。5个月大的婴幼儿开始对熟悉的面孔展露更多的微笑。快乐的情绪对婴幼儿的健康成长有重要意义，也是婴幼儿与成人养育者良性互动的标志。让婴幼儿体验快乐，并非单纯地让他们觉得好玩、有趣或者被逗乐。快乐与成就感有关，可以让他们感受力量和信心。学步时的婴幼儿常常跌倒，在他们成功站立时，不论时间长短，父母可以给予微笑、掌声和拥抱，这能够鼓励他们继续站立和行走，和成功体验相关的快乐会有助于婴幼儿的个性养成。

兴趣是婴幼儿比较早出现的一种情绪，也总是与快乐的情绪一同出现。婴幼儿喜欢通过视觉追踪具有颜色和声音的物品，当这样的玩具出现时，会引起他们的兴趣，当这个过程反复发生，他们得到探索的满足，并产生快乐。从此，婴幼儿获得知觉能力，开始学习，并完成对世界的探索。婴幼儿认知能力的发展顺序依次为颜色、大小、平面形状、立体形状和人脸。婴幼儿对新鲜的、特别的事物总是产生兴趣，当手指和肢体协调，1岁之后他们开始尝试通过各种方式与物品互动，他们会抓、会咬、会去拆卸。2岁之后，兴趣引起婴幼儿的模仿行为，如模仿父母拍娃娃。这个阶段的成人养育者常常因为婴幼儿与物品之间的互动产生担忧，而忽视了这是儿童认知和学习的开始。从这时开始，父母需要保障婴幼儿安全的同时，保持他们对世界的兴趣。

痛苦、愤怒、恐惧是婴幼儿时期让成人养育者最棘手的情绪，也是经常交织在一起的情绪。引起婴幼儿痛苦的原因有很多，如冷、热、大声、噪声、分离、失去、疼痛、饥饿等。婴幼儿在3岁之前还不能很好地理解物品和人的存在，当某个物品离开他们的视线，当某个人离开他们的身边，他们会以为这是失去，会产生痛苦的情绪。当父母尤其是母亲离开婴幼儿，他们会因此陷入痛苦而哭闹。也有的婴幼儿不会马上哭闹，或者哭闹一会儿之后自己停下，因为比起愤怒和恐惧，痛苦是可以忍受的。即使是情绪外露的婴幼儿，他们也会在体验到痛苦的时候，尝试用忍受的方式缓解痛苦。痛苦是每个婴幼儿进行情绪调节的开始，为了避免因为哭泣而加剧的痛苦，他们会停止哭泣。然而，情绪调节并不是自然成长的技能，需要成人适当地引导。恐惧的原因随着年龄的增长越来越多，逐渐从天然的因素转向想象的因素。6个月之前，婴幼儿恐惧的是大的声音、突然的变化、疼痛、孤独等；6～9个月，婴幼儿开始惧怕陌生人和陌生环境；随着社会化加深，认知发展，1岁半之后，婴幼儿恐惧的主因变成黑暗、动物和想象中的鬼怪。恐惧的原因有时也并不容易被成人养育者发觉。当母亲长时间地离开，婴幼儿因为孤单感到痛苦，痛苦激发恐惧并哭泣。此时婴幼儿恐惧的原因是痛苦，而不是母亲的离开。恐惧加剧了痛苦，为了避免痛苦和害怕，婴幼儿还会愤怒，对父母发脾气。面对父母的责备和管教，婴幼儿也会表现出愤怒，这是他们为了减少痛苦的防御方式。当婴幼儿的身体或心理受到限制会引起愤怒。愤怒常常被抑制，这不是婴幼儿在忍受，而是愤怒的水平比较低，他们不会明显表露出来，但是被抑制的愤怒不会消失，会在某种诱发情景下爆发，甚至引发攻击性行为。

这个时期，婴幼儿不仅在练习情绪的表达，也在熟练调节情绪的方法。在刚出生的几个月里，婴幼儿会通过从情绪刺激中移开目光、吮吸母乳的方式，转移注意力，自我安慰，缓解不良的情绪。这时的情绪调节多是内部生理机能的无意识的调控。1岁时，婴幼儿转移注意力和自我安慰的情绪调节方法有了更多的实现途径，婴幼儿可以吮吸手指、晃动身体、更大幅度地远离引起不良情绪的人和事。此时，婴幼儿也会主动安慰悲伤的其他婴幼儿，他们开始能够理解其他人的情绪。1岁半之后，婴幼儿在自我调节情绪的时候会借助成人的力量，跟着或呼喊成人。2岁开始，婴幼儿会用语言表达情绪，并在游戏中将情绪进一步表达出来，但是3岁之前的婴幼儿还不能运用语言进行很好的情绪调节。

第二节　3～6岁学龄前儿童的情绪发展特点

从生理性情绪开始，人的情绪主观体验逐渐向社会性情绪主观体验过渡。3岁之后，儿童体验到更多的复合情绪。这个阶段的儿童情绪状态反映了儿童社会化的发展情况，儿童的情绪更多地在交往过程中发生，并逐渐运用社会文化、社会规范、成人的规则来判断自己的行为。通常情况下，成人养育者给予了儿童安全和关爱，儿童便会体验到愉悦的情绪。但是由于发展并不完善，3～6岁的儿童情绪控制力弱，情绪易被激化，且变化迅速，常常从一种状态跳到另一种状态，波动较大。而且情绪的外在表现十分明显，肢体动作和表情都很丰富，手舞足蹈、瞪眼跺脚、高喊和大笑，都体现在这个阶段的儿童身上，这样的特点也常常让父母在公共场所陷入尴尬的情绪。此外，3～6岁的儿童情绪具有情景性，如果和同龄人在一起，他们彼此之间的情绪常常相互感染。如果离开当前情景，儿童的情绪也会很快转变。

这个阶段的儿童离开家庭，来到幼儿园，和更多的同龄人、陌生人交往，在认知能力、语言能力、人际交往等方面逐渐发展，情绪的发展也展现在更多的层面：情绪理解、情绪表达规则和情绪调节能力。情绪理解是指儿童识别自己和别人的情绪，理解情绪的原因和结果，并运用这些信息产生合适的情绪反应。情绪理解具体包括儿童识别表情、情绪情景、理解情绪和愿望、情绪和认知之间的关系，以及理解真实情绪和隐藏情绪，理解多重情绪的能力。情绪表达规则可以让儿童根据具体的情景要求，调节情绪表现，表达出符合社会期望的情绪。情绪表达规则具体包括儿童对规则的理解，以及做出相应的情绪调节。情绪调节能力是儿童管理情绪的能力，儿童主动根据情景调节情绪的发生时间、表现形式。情绪与儿童一起长大，在3岁之前，儿童已经开始逐渐理解成人的情绪，学习情绪表达规则的知识，并从无意识的生理调节开始进行主动的、有目的的情绪调节，在学龄前期，随着儿童自主意识的发展，儿童情绪发展进入新的关键期。

儿童通过表情和身体动作识别他人的情绪，5岁左右可以识别大部分的情绪，识别顺序先是高兴和愉快，然后是悲伤和愤怒，最后是惊奇和恐惧。但是还不能准确识别微妙的情绪。情绪理解能力是随着儿童大脑发育成熟而发展的，因而情绪理解能力的发展顺序不受文化和环境的影响，可以说所有儿童的情绪理解的顺序是相同的。从情绪发生时才能觉察和识别，到根据情景推测情绪的发生，在3岁时已经开始，并且此时的儿童还可以根据他人的愿望、信念、记忆和对情景的评价来识别，预估他人的情绪。如果让一个3岁儿童观察其他小朋友的投球游戏，他会告诉你当投球者的球被他期待的队友接到，投球者是开心的，当投球者的球被他不期待的队友接到，投球者是不开心的。如果询问一个儿童，把小白兔喜欢喝的胡萝卜汁换成了橙汁后小白兔的感受，5～6岁的儿童都可以给出恰当的答案。第一个案例表明了儿童对基于愿望的情绪的理解，第二个案例表明了儿童可以理解更复杂的情绪：基于信念和认知的情绪。儿童对基于愿望和信念与认知的情绪的理解程度随着年龄的增长而逐渐提高。并且基于愿望的情绪理解，先于基于信念和认知的情绪理解。根据这个发展特点，父母可以通过引导 3 ～ 6 岁儿童理解他人情绪的方式，使儿童领悟什么样的行为是合适的、什么样的规则是合理的。情感认同比道理认同更能够让低年龄的儿童领悟。但是要区分此时的情绪与愿望（想要）、信念（喜欢）的关系，以判断儿童是否可以理解。超过儿童的理解能力的引导不能达到教养效果。此外，还有研究发现，孤独症儿童和智力残疾儿童也可以理解与愿望有关的情绪，但是不能很好地理解与信念和认知有关的情绪。

父母在面对学龄前儿童的时候常常以其开心与否判断与孩子的交往状态，但是这时的儿童是可以根据情景选择情绪的。当一个孩子的愿望是拥有一只宠物小狗，而妈妈送给了他一只小兔子时，这个儿童其实是不高兴的。但是如果事情发生在一个 4 ～ 6 岁的孩子身上，他还是会表现出开心，而把失落隐藏起来。因为 4 岁的儿童可以区分真实情绪和表面情绪，外部表达出的表面情绪和主观感受到的真实情绪之间可以一致，也可以不一致。6 岁时甚至可以做到掩饰和隐藏表面情绪，使自己适应社会环境。为了不让妈妈伤心，即使收到不喜欢的礼物也会表现出高兴的样子。这不同于说谎，而是一种共情，从他人的角度理解对方感受的能力。但是 3 ～ 6 岁儿童的这种理解还很初级，他们不能完全理解同一情景引发的多种情绪，儿童收到了小兔子生日礼物，有失落，也有不知道如何饲养的担忧，虽然不喜欢但还要表现得高兴。通常，父母和成人养育者很容易识别儿童此时的复杂情绪表现，但是当儿童进入小学阶段，真实情绪隐藏更熟练，父母的识别难度就会进一步增加。

6 岁的儿童掩饰真实感受表明此时的儿童已经掌握了一定的情绪表达规则。学龄前的儿童处于心理发展初期，自我和外部世界还没有完全分化，只根据自己的感受判断和理解周围的事物。他们正在学习如何区分自己和他人，在情绪表达方面，儿童逐渐掌握社会规则并顾及他人的感受而调节自己的情绪。在幼儿园里，儿童学习压抑自己想玩娃娃的欲望，按照顺序等待别的同伴先开始。把暂时不能满足的不开心隐藏，换取遵守规则被夸奖能够玩玩具的开心。但是儿童此时对这些规则的理解还不够深入，关于情绪表达规则的意义、适用范围和判断特定社会情景都不够熟练。有研究人员发现儿童的情绪表达规则的学习和运用与家庭的情绪氛围有关。如果父母大部分时间营造出积极的情绪氛围，儿童使用规则的目标往往是亲社会的、助人的。如果父母长时间营造生气的情绪氛围，儿童使用的情绪表达规则往往是为了保护自尊避免伤害。情绪表达知识并不是固定的知识内容，儿童耳濡目染，自主转化。

共情也是一种儿童使用情绪表达规则的能力。儿童在 6 个月左右，就可以感受到母亲的情绪，1 岁前也会受到其他婴儿情绪的感染从而引发类似的情绪，3 岁之后，这种被他人情绪的感染具有了理解的特点，儿童开始理解同样的情景下，别人会和自己有不同的情绪感受，并会做出安慰的行为。父母是期待看到儿童的共情表现的，他们期待儿童看到悲伤的伙伴、难过的弟弟妹妹后能够帮助他们。但是儿童的共情中还有认知的部分，儿童会被其他伙伴的情绪影响，但是不能全部理解其中的原因。父母和成人养育者需要耐心等待儿童的认知成熟。

情绪调节策略与情绪表达规则的掌握有很大关联，学龄前儿童的情绪调节是社会化的、有目的的、安全的、积极的教养氛围鼓励儿童以友善助人、为他人着想的目标调节情绪；反之儿童的调节目标多是回避的、指向自己的。依据情绪表达规则，儿童可以采用3种主要的表达策略：夸大情绪体验、弱化情绪感受、掩饰真实感受而表达完全不同的情绪感受。当把儿童送到幼儿园，儿童不想与父母分开，焦虑难过，有的儿童会大喊大叫，会和父母说一些夸张的台词：你不再爱我了吗？也有的儿童压抑难过，不吵闹，表现得好像没有那么伤心。还有的儿童故意表现得不在乎，反而催促父母快点离开。但是离开父母的难过不会马上消失，他们留在幼儿园里还需要一些方法调节难过的情绪。3岁的儿童多采用宣泄和情绪释放的方法，他们会一直大哭或陷入悲伤的情绪中；4岁的儿童可以通过替代性的活动或者自我安慰的方式缓解情绪，与其他小朋友一起游戏、被幼儿园内其他的事物吸引来转移注意力，或者告诉自己，妈妈很快就会来接我的；5岁的儿童还会采取回避的方式，他们不去看父母离开的身影，不去听其他孩子讨论妈妈的事情等。但是学龄期的儿童情绪调节还需要依赖成人的协助，所以，上述调节方法通常会由幼儿园的教师协助儿童完成。

第三节　6 ~ 12 岁小学阶段儿童的情绪发展特点

6 ～ 12 岁的儿童处于学龄期，认知能力、语言能力、思维能力等都逐渐达到成人的水平，这个阶段的儿童情绪发展也趋近于成人的水平。情绪的稳定性逐渐增强，当一种情绪发生，不再被新的刺激诱发的新情绪体验代替。如果成人养育者想通过转移注意力的方式调节小学阶段儿童的情绪，随着儿童年级越高，效果越弱。情绪体验的深刻性增加，对于引发情绪的刺激，不再只是单纯判断是否满足了需要，还会有更深层次的理解。如果这个阶段父母爽约没有带儿童去游乐场，低年级的儿童会低落和失望，但是不会影响对父母的感受，当父母再次提出邀约，他们还是会很兴奋地答应，然而高年级的儿童会认知到父母爽约是因为他们的工作太忙，或者理解父母，或者推断父母并不在乎自己。情绪的内容不断丰富，儿童可以理解一个事物引发多种情绪，复合情绪越来越多，并且情绪不断内化，形成稳定持久的情感。

8 岁的儿童识别他人基本情绪的能力已经达到成人的水平，并逐渐理解不同的人经历不同而有不同的情绪反应，情绪可以随着时间逐渐消退。9 岁之后，儿童能够理解同一个刺激事件可以诱发同一个人的多种情绪，例如，临近期末，既因为考试成绩而担忧，又因为即将放假而兴奋。10 岁之后，儿童可以较好地区分和运用真实感受与表面情绪，理解同一情景内的多种矛盾情绪。

观察小学全年级的学生活动会发现，三到四年级的学生，即9岁左右的儿童最能遵守规则、压抑情绪、配合他人、理解他人。

情绪表达规则的使用和理解也在这个阶段逐渐成熟，9岁之后，儿童关于情绪表达规则的理解更加深刻，会从目的和意义的角度，逐渐理解并做到隐藏内心真实的感受，在特定情景下表现出符合社会期待的、应该表现的情绪。父母和成人养育者期待儿童真实地表达自己的感受，但是当儿童发现其表达的真实情绪感受会带来不好的结果，他们会运用这些情绪表达规则。当父母问一个7岁左右的儿童对特长班的感受，儿童会真实地表达不喜欢，但是此时父母会通过各种劝说来引导儿童接受特长班，当10岁之后，儿童已经认知到父母不会放弃劝说特长班的好处，虽然依旧不喜欢特长班，但为了不让父母期待落空，为了避免和父母争论，他们会掩饰真实感受，表现出已经接纳和认可。

同时，儿童的共情能力也有提升，认知学习和情绪表达规则的运用，让儿童也能理解他人在某种情景下表现出的情绪，并主动做出一些调节尝试。随着小学阶段的学习积累、生理成熟和人际交往，儿童的情绪识别能力、共情能力、情绪规则理解等方面都达到成人的水平，并且状态保持直至老年期。但是小学生的知识水平和社会经验有限，如何运用和调节情绪还需要成人的指导。小学阶段的情绪调节不再依赖生理自动调节，可以更多地运用认知策略参与，成人养育者可以通过各种游戏、绘画、对话等互动方式协助儿童。

小学阶段，儿童情绪的发展稳定而迅速，儿童大部分时间都在学校，常常在父母还没有觉察的时候，儿童的情绪理解和运用就已经达到成人水平。情绪的发展也是儿童社会化的过程。在学校，儿童与更多的同龄伙伴、各种教职员工相处，情绪成为人际互动最直观的反馈。美国心理学家朱迪斯·哈里斯在儿童教养方面提出了一个观点：儿童的教养并非依附家庭环境，而是社会化的力量。有的儿童在父母面前经常表现出害羞、拘谨、任性，但是当他和同学们在一起，有时却表现得勇敢、开放、乐于助人。这是因为儿童可以根据不同的环境选择不同的行为方式。父母常常对于儿童在其他成人、同龄人面前的表现有一定期待，但是他们看到的都是儿童在家庭中的反应和状态，父母会据此推断儿童在人际交往过程中的特点。这种推断并不合适，对每个儿童来说，父母、教师、同学、朋友、陌生人都是人际互动的对象，他们会根据情绪表达规则，适当选择表露出某种程度的情绪。父母的包容和妥协程度，同学、教师的理解程度，陌生人的可能反应等，都会促使儿童表现出不同的情绪状态。这个阶段的儿童需要有更多的人际交往机会，尤其是同伴交往的机会。当儿童进入学龄期，接触到更多的知识，生理、心理状态逐渐发展成熟，家庭对儿童的影响作用逐渐减弱，此时的情绪已经和儿童一起成长了。

当儿童情绪稳定、理解深刻时，他们对某些事物逐渐形成比较固定的情绪反应，并融合在个性和行为中，儿童的情绪转化为情感，形成了对待世界和他人的态度、评价，人格逐渐完善。情感是一种稳定深刻的心理体验，通常与社会需要的满足有关。人们的社会性情感包括了关于善与恶、美与丑、真与假的态度，即道德感、美感和理智感。

小学阶段是儿童道德感发展的重要阶段。根据瑞士心理学家皮亚杰的研究，儿童的道德发展规律是由他律转向自律，由客观责任感向主观责任感转变。3 岁之前的儿童评判他人行为以是否满足自己的生理需要为标准，不遵循任何规则。3 ～ 7 岁的儿童理解规则存在，知道要在规则下做事，遵守是好，不遵守就是不好。盲目遵从权威成人的规则，只能看到行为的结果，还不能理解行为的目的，认为惩罚是一件可怕的事情，不能理解惩罚的目的是避免再次发生类似的事情。8 岁之后，儿童开始认为规则是为了共同的利益而存在的，只要大家都赞同，规则就可以改变。这时的儿童在意平等和协作，对规则和权威的依赖减弱，能够理解行为的动机。当儿童一起游戏或者执行某个任务，他们可以独立制定规则，并遵守完成，不再需要成人协助制定规则。儿童开始由他律转向自律。12 岁之后，儿童对于一件事情和行为的评判依据从整个社会出发，倾向于以公道、公正作为标准，并结合同情和关心的角度。儿童对平等的理解从人人权益相等，拓展到人与人之间的联系。儿童也正式进入自律阶段，道德认知发展达到成人水平。儿童道德感的发展是一个连续的过程，并不以某个年龄为明显区分。美国心理学家柯尔伯格总结梳理了儿童道德发展过程：从完全遵循外在标准，你对我好，我就对你好；到遵循成人定义的好，信奉权威法律；再到理解规则法律可以改变，自觉履行义务。每个儿童都将经历这个发展历程，只是有快有慢。当儿童进入自主、自律阶段，便开始逐渐形成对社会和他人的态度，形成内在价值观。

6 ～ 12 岁是儿童各方面发展成熟的重要阶段，儿童在学校内学习、交往、运动，情绪也在不断发展完善。父母和成人养育者要遵循与尊重每个儿童的成长发展规律，当儿童到达了相应的阶段，关于儿童表现出的负面情绪、不恰当行为、不合理的表现都可以不言而喻。在儿童情绪发展的过程中，即使成人养育者不参与，儿童也会发展成熟，父母与教师的角色是促进各阶段的发展，适当的参与、引导能够避免儿童陷入错误的发展方向，而不是代替儿童的成长。

尽管儿童的生活空间是学校和家庭，但是成人养育者（父母和教师）之间很难做到随时且全面的观察与沟通，儿童也未必会在生活中经历如此多的心绪起伏。为了了解每个儿童的情绪发展状态，成人养育者可以参照心理学和教育学研究人员使用的方法——表情识别任务和情景故事。表情识别任务就是给出儿童不同的情绪图片让儿童识别。识别的方法有很多，可以让儿童直接分辨图片展示的是哪种基本情绪，也可以让儿童根据不同的情绪选择不同的表情。情景故事就是讲述一个可诱发情绪的故事，让儿童选择故事的主人公的感受或做出评判，根据儿童的回答推断儿童所在的发展阶段。例如，柯尔伯格曾经使用过的故事：有个妇人患了癌症，生命垂危。医生认为只有一种药能救她，就是本城一个药剂师最近发明的镭。制造这种药要花很多钱，药剂师花了 200 元制造镭，他索价 2000 元。病妇的丈夫海因兹到处向熟人借钱，一共才借到 1000 元，只够药费的一半。海因兹不得已，只好告诉药剂师，他的妻子快要死了，请求药剂师便宜一点儿卖给他，或者允许他赊欠。但药剂师说：“不成，我发明此药就是为了赚钱。”海因兹走投无路撬开商店的门，为妻子偷来了药。随后，柯尔伯格询问儿童，故事中的药剂师、生病的妇人、海因兹都谁有罪？理由是什么？在日常生活中，这些可以通过亲子阅读、亲子互动实现。通常父母给儿童讲述了一个故事或者观看了某部影片的时候，会问儿童：这个故事好在哪里？告诉了我们什么道理呢？如果将对话改成：你觉得最后那个主人公是开心的，还是难过的？他为什么这样做？这样做对不对？就可以很好地了解儿童的情绪发展阶段。这个阶段的父母常常在听到儿童给出不符合自己期待的答案的时候，可能会焦虑担忧，会想办法把知识和道理告诉儿童。然而此时的知识和道理发挥的作用很小，父母不能操之过急，要给予儿童的情绪一定的成长空间。

第四节　青春期早期儿童的情绪发展特点

通常来说，儿童 12 岁左右进入青春期，生理的极速发展冲击着儿童的心理状态，但是年龄并不是严格的界限，有很多儿童可能发育成熟得较早，进入青春期。青春期一般持续到 20 岁左右，它是儿童向成人过渡的重要阶段，也是父母和教师最棘手的阶段。

青春期早期的儿童，由于对生理机能成熟的不适应，出现心理紊乱，尤其在情绪方面表现出一系列显著的特点：情绪状态敏感，波动性大，不稳定，出现两极化的情绪。生理的变化让儿童渴望成为“成人”，像成人一样生活，他们开始对某些“远大目标”展现出极大的热情，表现出过度的兴奋，好争论，不让步。当有成人否定质疑他们时，他们往往冲动，做出不能控制的行为。强烈的冲动性和爆发性让儿童的情绪看起来来势汹汹，但是消散的也很快；同时对某些情绪信号、同伴的情绪感受十分敏感，有时一首悲伤的歌曲，一个悲伤的故事，甚至天气阴暗，都会引发情绪的变化。既细腻又粗暴的情绪状态，总是让父母莫名其妙。这时期的儿童表现出来的情绪和真实感受往往不同，他们掌握了更多的社会规范，开始掩饰真实情绪感受，有时真实感受是厌烦，表现出的情绪是平淡，有时真实感受是喜欢，表现出的情绪是冷漠，甚至出现故意夸大情绪或口是心非的情况。

情绪中积极情绪较少，消极情绪较多。孤独、寂寞、不安、苦闷、忧虑成为这个阶段儿童的主要情绪体验。生理的变化和成熟，使他们开始独立思考，思考现在和未来，想要成为成人，但是又不具备相应的条件；想要了解更多关于异性、人生、意义的信息，但是又不知如何获取。外貌的变化让儿童更在意他人的评价，渴望在人群中获得某种关注和地位。种种不确定让儿童内心纠结，与父母、朋友的关系因为情绪起伏也总是有冲突。这时的儿童逐渐将情绪压抑，到青春期后期，儿童的情绪由强烈的外部表现逐渐转化为比较稳定的内心体验。

情绪的内容和层次更加深刻丰富。尽管青春期早期经历比较多的消极情绪，但是对比之前的成长阶段，儿童体验到的情绪内容更加丰富。随着逻辑思维的发展和认知的发展，儿童对事物的感受更深入，对于喜欢的人或事，他们表现出爱慕、感激、感动、钦佩等，对于不喜欢的人或事，他们也会区分忧虑、担忧、苦恼等。儿童识别和理解的情绪种类增多，情感也在不断发展。

从出生到幼儿期再到学龄期，所有的儿童都是同步进行，但是进入青春期，便出现了性别差异。女生早于男生 2 年左右进入青春期。当婴儿进入 3 岁，开始有性别意识时，父母和教师也有意无意地对不同性别的儿童传递不同的情绪反馈知识。与女孩讨论比较多的是悲伤、难过之类的情绪，并通过各种方式化解女孩的负面情绪，与男孩讨论较多的是愤怒情绪，但是很少处理男孩的负面情绪。因此，男孩与女孩对情绪的理解和表达并不相同，这种不同一直持续到成人。

青春期早期的儿童很多情绪特点是生理成熟和心理成熟的不

同步导致的。这时儿童对情绪的使用已经成熟，但是情绪调节能力不足，认知程度也不够，需要父母和教师的协助。通常成人养育者会将这个时期命名为儿童的“叛逆期”，然而正常的标准在哪里呢？这个标准是由谁来制定的呢？父母在提到儿童的“叛逆”时，最常用的表述是：孩子不听我的话，我让他做什么，他就偏不做什么。父母似乎很自然地把自己的要求确定为“叛”与“逆”的标准，然而这个要求并不牢靠。这个时期的儿童自我意识敏感，追求独立与尊重，想要维持精神独立，不轻易接受成人的建议。从儿童的角度来说，父母的要求反而限制了儿童的感受，倒是父母在“叛逆”儿童的成长。父母和教师的协助，应以儿童调节自我情绪、很好地学习生活为标准，不以儿童与父母的妥协程度为标准。成人养育者的听，往往比说更有效。儿童进入青春期后的行为在父母眼中很幼稚，为了避免不良后果，父母会做出各种劝说和阻止的努力，这些努力在青春期儿童的眼中无疑是在质疑其独立性。所以，父母这时要尝试和儿童平等对话，将对方视作成人。对儿童合理的想法和判断给出肯定的回应。感受到尊重后，儿童会愿意接纳成人传递的相关信息和知识。或者此时，父母要调整自己，不再将对方称为儿童，而是称为青少年，或者与自己无异的成人。

综合上述，心理学家和教育学家总结出的儿童情绪发生发展的特点，儿童虽然按照自然成熟规律，与情绪一起成长着，但是每个儿童各不相同，同样的情景，引发不同儿童的不同情绪，即使表现出同样的情绪，每个儿童的体验也各有不同。儿童的情绪发展并不是独立进行的，而是与儿童的生理发展速度、认知成熟程度、人际交往情况、父母教养策略等密不可分。如果儿童经历一种教养方式达到某种成熟程度或使用某种策略，基本上会表现出前文列举的行为特点，但是这并不意味着，儿童出现某种行为特点，那么他必定经历了某种教养方式或必定有某种认知判断。本章各节分享的儿童从出生到青春期早期的情绪特点，不是衡量儿童发展情况的测量指标，而是成人养育者与儿童互动、养育过程中的参照，根据儿童情绪的不同发展情况，采取不同的沟通方法和情绪调节方法，缓解成人养育者在教养过程中的焦虑。

第五节　情绪智力、情商与智力

家长对于儿童情绪的关注，不仅着眼于儿童的情绪调节，同时也关注儿童的“情商”，甚至认为儿童学习成绩可以平平，但是拥有了较高的“情商”依旧能够获得很好的人生成绩。但是情商、情绪智力以及儿童的智力之间到底是一种怎样的联系呢？有时科学并不和生活经验保持一致。

智力是一种心理能力，包含推理、计划、问题解决、抽象思维、理解复杂思想、快速学习和从经验中学习的能力。这个概念被大众熟知，源于研究人员力图将智力进行测量，并根据测量的结果进行人才选拔、官员任用和职业选择等方面。20世纪以来，智力测验比智力构成更加被人们关注。人们并不喜欢复杂的智力概念、智力构成理论，比较希望能够用直观明了的智力测验分数证明自己，或者判断一个儿童。但是事实上，那个分数只能代表每个人在人群中所处的相对位置，无法对一个活泼的儿童进行简单的预测。况且每个智力测验的题目、结果解析，以及分数所代表的内涵，需要一个心理学专业的学生学习很久才能够准确运用。而且越来越多的研究发现，智力的构成很复杂。有研究人员发现，智力可以分成一般智力和特殊智力两部分，一般智力就是人们从事所有的活动会运用到的能力，像是观察力和记忆力；特殊智力是在从事某种专项活动的时候展示出的能力，包括计算的能力和言语表达的能力之类。还有的研究人员认为智力包括已经获得的知识，以及解决问题的能力，并且两种智力结构在不同的年龄阶段有不同的增长或减弱规律，这解释了儿童在学龄期获取知识的规律，以及老年人部分智力退化的现象。随着研究的深入，学者们从更多的角度解读智力，力求能够让人们更全面地了解自己，通过针对性的练习提升社会适应的能力。因此，近年来，有很多教育辅导机构推出了“情商”“抗逆力”“沟通力”“逻辑思维”等名词，让越来越多的家长和儿童不知所措。

情绪智力就是研究人员在探索智力结构的过程中的新发现。1990 年，美国耶鲁大学的萨罗威和新罕布什尔大学的玛伊尔在论文中正式提出并论证了“情绪智力”，其被定义为：社会智力的一部分，审视自我和他人的情感与情绪的能力，辨别情绪，并运用情绪信息引导思维和行为的能力。他们发现对情绪的自我调适和识别，能够帮助人们更好地解决问题，情绪智力也是智力的构成之一。在后续的研究中，萨罗威和玛伊尔不断继续完善，力图寻找情绪智力的神经机制，其与人格、智力的关系，以及如何进行测量。

情绪智力的研究在科研领域按部就班，然而在 1995 年，美国《纽约时报》“行为科学和脑科学”专栏作家，毕业于美国哈佛大学的丹尼尔·戈尔曼根据萨罗威和玛伊尔的研究，收集整理了关于大脑、情绪、行为和日常生活的相关信息，撰写了一本畅销书《情绪智力》。书中他将情绪智力在理论上拓展为 5 个维度：了解情绪、管理情绪、自我动机、认知他人情绪和处理关系。《时代周刊》在宣传这本书的时候使用了“EQ”的字样，随后我国台湾译者在翻译和引用的时候，使用了“情商”两个字，自此“情商 EQ”进入了大众的视野，并且随着图书的畅销，在大量的宣传中被很多父母与成人养育者了解。

但是，人们所了解的信息只有畅销书中的理论构想，这个构想并没有充分的实验证据。这时，心理学研究一直以来的尴尬就出现了。科研领域的研究争论和结果向来只在其领域内传播，虽然在日常生活中有一定的应用，但是人们很少在意。毕竟对那些“量子力学”“中微子”“认知图式”“矩阵”之类概念的无感，不影响享受其在日常生活中带来的便利。但是心理学研究的行为和心理现象，不仅被运用还时常出现在生活中，并且人们有着相当的经验认知，譬如，记忆、语言、感觉。研究结果可能与“常识”一致，或者不一致，每个人都有立场对这些结论表示拥护或者质疑。尤其当研究涉及儿童的发展和教育。媒体的宣传，引来大众的关注，又引来各种相关机构和人士的讨论、建议。但是需要注意的是，这其中的很多建议都是理论上的、设想层面的，没有足够多的实验设计和数据分析，对实践的指导意义很薄弱。

经过多年的学术研究和营销推广，越来越多的父母将情绪智力和情商两个概念等同，认为这是学术界已经实证的关于儿童智力的新研究成果。观察总结大众流行领域一直使用的“情商 EQ”概念，戈尔曼认为情商的结构包括自我意识（认知和了解自我心境、情绪和驱力，以及他人情感的能力）、自我调节（控制和改变冲动与心境的能力，在行动之前暂缓判断而思考的倾向）、动机（超越金钱和地位的工作热情，为坚持目标焕发的能量和坚持性倾向）、情感移入（理解他人情绪特点的能力，根据他人的情绪反应处理问题的机能）和社会机能（熟练处理关系，建立关系网，在一般环境中建立友好关系的能力）。这也是很多情商培训机构的训练内容。但是这个内涵结构中提到了很多心理概念，已经超出了智力原本的构成。就像这个过程中那句流行口号一样：“一个人的成功，只有 20% 取决于智商，80% 则取决于情商。”人们原来认为情商和智商是完全不同的概念。然而戈尔曼在 1995 年的原文是：“IQ（认知智商）至多只能解释 20% 的生活上的成功，还有 80% 需要其他因素来解释，其中情绪能力起着重要作用。”并且随着这个情商培训领域和情商话题的关注，情商的内涵不断地扩大，那些沟通能力、亲和力、乐群性、人格特质等都被扩展进来，使得“情商”的内涵越来越多，界限越来越模糊，似乎一切都可以与它联系起来，甚至随着时代和流行的变化，“情商”的内涵还拓展到人际关系应对方面，逐渐从一个描述能力的名词，转向对某种行为赞许的形容词。但是一个人对待他人的态度，其实源于其学识的积累而形成的价值观和人生观。

情绪智力确实是学术领域在研究中的主题，其对人们适应社会发挥着作用，但是情绪智力是否可以改变，如何提升，目前只有大众领域的经验性和推理性的结论，还没有得到学术研究的有力证实。回归到学术领域，科研论证的过程远比一个假设的提出要缓慢得多。心理学研究要求实验结果具有可重复性，并且具有一定的数据支持。如果某个结论只在特定情况下出现，且只有个案数据，那么是无法认定其可信度的。学术领域的发生往往被延时且微弱。萨罗威和玛伊尔认为在处理个人与他人情感信息的过程中，人们有 4 种层级的发展过程：情绪知觉评估和表达的能力，使用情绪的能力（情绪对思维的促进能力），理解分析情绪、运用情绪知识的能力和调节情绪的能力。目前，学术领域一直沿用萨罗威和玛伊尔的“情绪智力”概念与研究体系，认同情绪智力是一种能力，也是一种人格倾向，混合了认知因素和非认知因素。情绪智力其实是在考察情绪怎样影响知识获取和问题解决，研究人员已经证实推理他人的情绪感受，以及运用情绪调节可以提高认知活动能力（思维、记忆、决策等）。情绪智力侧重于儿童处理情绪信息的能力。已有研究发现，情绪智力的高低与儿童的学业成绩、心理健康、幸福感和工作绩效有很大相关性，但是并不能做预测性的结论。也就是说，情绪智力影响着儿童和成人的学习、工作的效果，却不能简单推论情绪智力达到何种程度，一定能够取得优秀的成绩，因为人的行为是复杂的，这其中还涉及任务的意义，以及人们自身的想法。

那么儿童的情绪智力如何衡量？是不是能够训练的呢？这个关键就是关于情绪智力的定义。参照学术研究结果，情绪智力即儿童处理自己和他人的情绪信息的能力，其衡量和提升的核心还是情绪调节能力。结合儿童不同成长阶段的情绪发展特点，当儿童到达某个年龄阶段，便可以随着成熟而获得情绪的发展。很多家长会反馈自己的孩子在参加了一段时间的情商课后确实有了很大的变化，但是这些变化到底是自然成长的结果，还是学习的结果呢？曾有一篇关于情商的文章列举了幼儿园里的画面：一个小朋友在睡觉，但是没有盖被子。教师问身边没有睡觉的其他小朋友，愿不愿意把自己的被子给这名睡着的同学。然而身边的孩子都拒绝，一个说他不盖被子生病是活该，一个说我的被子是给我盖的。文章据此表明幼儿的情商太低，强调情商培养的重要性。但是根据前文的分享，不难发现幼儿的拒绝不代表他们没有情商，只是年龄阶段导致的情绪理解发展还不完善。梳理现有的情商训练课程，如果了解心理学的基本知识，可以发现虽然名为情商训练，但是内容多是人格完善、情绪调节、人际交往训练、沟通方法等，远远超出了情商或情绪智力的范畴。父母在寻找的其实是更好的教养策略。面对市场上良莠不齐的情商书籍、情商课程，父母需要冷静判断。儿童的成长受到很多因素的影响，只强调其中一个单独因素并不客观。

人们将智力看作衡量儿童聪明与否的标准，目的是希望寻找更多的途径帮助儿童成长。传统的智力测验属于认知智力测验，并且已有学界认可的测验量表，如韦氏智力测验。然而情绪智力的测验量表还没有达成业内统一。不过，研究依然在进行，或许现在你的手边就有一份情绪智力测验的量表，如何判断这个量表是否科学、准确，可以使用呢？只需量表提供两个数据：信度和效度。信度表示量表测验的结果是稳定的，即使过了一段时间再次测验，结果不变；效度表示量表测验的结果和要测验的主题是一致的。信度与效度的区间都是 0 ～ 1，越趋近于 1，表明信度和效度越好。对量表进行解释的时候，还需要结合测试儿童的具体情况，如果 8 岁儿童的情绪智力结果得分很低，不能单纯得出他情绪智力低的结论，还要分析他的具体答案，是否还没有发展成熟，是否儿童在这几个问题中说谎隐瞒，是否儿童对问题的答案有其他的解读。所以最好在专业人员的指导下进行测验。其实儿童的情绪智力是智力的一种，儿童的学校学习就是依据智力理论提升获取知识的能力、积累专项活动的经验能力、联系情绪识别能力和提升人际交往能力的过程，学生在学校里的表现和成绩已经是某种智力与情绪智力的测验结果。不论儿童的情绪智力测验结果如何，每个儿童都有自己的成长速度和成长体验。而最好的检验儿童发展情况的方法，是观察儿童在日常生活中能否很好地应对自己的学习和交往。

第三章

“教养”情绪——儿童情绪的调节

情绪对儿童成长发挥了重要作用，在儿童与情绪一起成长的过程中，儿童的情绪理解、情绪体验与表达以及情绪表达规则使用等方面的发展都伴随着人际交往自主完成，但是儿童的情绪调节能力，除了婴儿期无意识的内部生理性调节，3 岁之后主要依靠成人养育者的帮助。儿童通过观察、模仿、学习成人养育者有意或无意传达的情绪调节策略，调节自己的情绪，以保障自己更好地投入学习和生活中。父母在面对儿童的情绪表现时，会有不同的反馈模式，心理学领域称为“父母元情绪”。父母元情绪影响儿童的情绪调节能力。情绪调节的目标是内部情绪体验与外部表达的调控，是儿童控制自己产生什么样的情绪，什么时候产生情绪，体验到的情绪强烈程度以及如何表达情绪的过程。情绪调节并非单纯的缓解消除消极情绪，而是根据具体情景调整积极情绪和消极情绪。成人养育者在协助儿童进行情绪调节之前，首先需要明确情绪调节的目标，如果儿童的情绪困扰是面对情绪的手足无措，对情绪的认知不完整，是成长指向的，就可以通过情绪记录、情绪风车等方式，协助儿童全面地认知情绪，和情绪成为朋友；如果儿童的情绪困扰是关于情绪表达规则，怎样表达情绪，是感受指向的，就可以通过绘画、游戏的方式，协助儿童学会表达和倾诉情绪；如果儿童因为情绪的困扰出现了不适应的行为，是行为指向的，就可以通过调整情绪认知，协助儿童获得新的情绪体验。儿童每天都会体验不同的情绪，经历不同的情绪起伏，儿童的情绪调节不只在儿童陷入情绪困扰的时候发挥作用，在儿童的日常生活中也很有必要。在儿童陷入情绪困扰，出现异常行为的时候，父母希望掌握更多的应对方法，而不是自乱阵脚、杂乱无章。其实父母可以在日常教养过程中，通过运动、自我控制等方法，增强儿童的情绪调节能力。当父母和其他成人养育者可以客观、科学、从容地面对儿童的情绪问题，那么也可以实现通过情绪促进儿童的学习和行为养成，教养儿童的同时教养情绪。

此外，儿童情绪的诱发事件并不在情绪调节的范围内，很多父母常常被诱发儿童情绪的事件所困扰，认为解决了具体事件自然就可以缓解儿童的不良情绪，但是诱发情绪的并不是事件本身，况且不是所有的事件都有一个及时而合适的解决方案，甚至有的诱发事件不能重来，纠结于事件本身，不一定能够帮助儿童成长。有时解决了情绪困扰，那些问题也将被解决一部分。

第一节　父母元情绪

面对儿童的情绪表现，父母也会产生某种情绪和感受，这种感受就是父母元情绪。关于父母元情绪的探索，源自 1996 年美国华盛顿大学的心理学教授约翰・戈特曼，他发现成人养育者（主要是父母）对自己或儿童的情绪表现会产生一组情绪、态度和理念。父母元情绪的类型决定了父母面对儿童情绪时采取的行为方式，影响着儿童情绪调节能力。 目前研究人员总结的父母元情绪类型有 4 种。

情绪教导型。这种类型的父母有很好的觉察能力，能够及时发现自己和儿童的细微的情绪反应，愿意接受和面对各种情绪反应。他们认为儿童各种情绪反应都是合理的，当发现儿童心情很好或陷入情绪苦恼的时候，会主动鼓励孩子用正确的语言形容和表达情绪感受，询问情绪发生的原因，分析讨论其中的问题，安抚和引导儿童处理情绪。尤其对儿童的消极情绪比较敏感，这种类型的父母觉得消极情绪是教导儿童的重要契机，也是促进父母与儿童之间亲密联系的纽带。这时的儿童接收父母传递的信息是：每个人的情绪都是可以被理解和被接纳的。因此，儿童很愿意在父母面前表现出自己的真实情绪，也会获得关于情绪调节的方法。

情绪摒除型。这种类型的父母觉察能力也比较好，但是主要对儿童的负面情绪比较敏感，更关注儿童的苦恼和不开心。他们觉得儿童的负面情绪都是有害的，没有道理的，并不接受儿童的负面情绪，甚至很挑剔。当这类父母发现儿童出现了负面情绪或陷入情绪困扰时，通常表现出烦躁和愤怒，甚至会用惩罚和限制的方式强制性地要求儿童停止情绪。和儿童沟通的时候也是强制的、命令式的："有什么好难过的！不许哭！安静一点儿！你都这么大了，计较什么！你是男生，让着点儿！"这时的儿童接收到的是父母对情绪的否定，并没有获得情绪调节的方法，只能压抑和隐藏负面情绪。

情绪失控型。这种类型的父母对儿童情绪的觉察是最敏感的，尤其对儿童的负面情绪，但他们也是不知所措的，不知道、不明白为什么儿童会这么悲伤烦躁，甚至也会让自己出现失控的行为。儿童生气他们也跟着生气，儿童悲恸他们也跟着悲恸。当儿童产生负面情绪或陷入情绪困扰的时候，他们的沟通常常是被动且没有章法的，父母做不到和儿童沟通情绪的来龙去脉，也无从下手，甚至会出现不当的应对行为——打骂儿童，或激发更激烈的矛盾和情绪。随后他们又会后悔自己的这种处理方式。这类父母尝试用共情的方式和儿童的情绪联结，但是他们只被儿童的情绪表现感染，不懂得深入分析和理解。同样地，儿童也无法接收到父母对情绪的接纳和调节策略，只能越来越感受到情绪的糟糕影响，面对情绪的时候也会陷入无措失控之中。

情绪不干涉型。这种类型的父母并不去觉察儿童的情绪，不论儿童产生什么样的情绪反应，他们都不会主动干涉。这类父母认为情绪是可以随着时间而慢慢消散的，儿童自己会长大，自己会领悟。愤怒不能解决问题，悲伤也不能令事情重来一遍。顺其自然是应对儿童情绪的最好方法。当儿童出现负面情绪或陷入情绪问题时，他们采取放任的方式，不和儿童沟通情绪的原因、情绪的感受或者提供缓解情绪的方法，因为这些都不重要。有时他们会转移儿童的注意力，当儿童宣泄情绪的时候，父母会说“没关系，一会儿就好了”或者“别想了，我带你去玩游戏”。这种类型的父母对儿童的情绪调节能力很有信心，认为成人不需要担心。

研究人员认为情绪教导型的父母元情绪类型是最有利于儿童获得情绪调节能力，并促进儿童成长的应对模式。当父母更多地使用情绪教导型元情绪时，5～8岁的儿童表现出比同龄人更高的自尊心、更好的学业成绩和比较好的同伴交往情况，并且有较好的情绪觉察能力和情绪调节能力。母亲采取情绪教导型元情绪理念，会促进学龄前儿童表现出更多的助人、分享的亲社会行为，能够关注到同伴的情绪状态。母亲采取情绪摒除型的元情绪理念，儿童在行为控制方面出现比较多的问题。母亲采取情绪不干涉型的元情绪理念，放任儿童自由发展，会对儿童情绪调节能力产生不利的影响。

这里需要注意的是，父母元情绪的不同类型是指父母一贯采取的应对儿童情绪表现的方式，偶一为之的方式并不代表父母元情绪的类型，某种元情绪类型的父母在某种具体情景下也会采取其他类型元情绪的应对方式。判断属于哪一种元情绪类型，需要考察父母对儿童情绪的觉察力，对情绪的接受态度，情绪发生原因的了解，与儿童沟通的方式、处理与教导儿童的方法。判断依据的是父母应对儿童情绪的理念，而不是行为。或者可以采取台湾学者叶光辉编制的“父母后设情绪理念量表”，进行专业测量。

父母元情绪类型不仅体现了父母处理儿童情绪的理念，也是其面对自己的情绪时的态度。当面对儿童的情绪困扰，是否和身为父母的自己陷入情绪困扰时的感受相似呢？父母或成人养育者推崇的自我情绪调节理念如何呢？是杂乱无章，还是不去理会，是强迫自己压抑，还是理智的表达和接受……如果身为成人同样在困惑中，可以试试戈特曼教授提出的情绪教导型元情绪的思维练习。当面对儿童的情绪，父母可以尝试做这样几件事：①能够意识和观察到自己与儿童的消极情绪；②将消极情绪的发生视作建立亲密亲子关系、教养情绪的机会；③感同身受地倾听和确认儿童的情绪反应；④帮助儿童使用正确的语言说明情绪感受；⑤与儿童共同讨论并解决引发负面情绪的问题，并教导儿童如何处理问题。当成人养育者也陷入了情绪困扰，也可以尝试用这样的方式对待自己的情绪。其实接下来分享的情绪调节的方法不仅适用于儿童，同样也适用于成人养育者。

第二节　和情绪成为朋友

朋友、同伴是一种重要的力量，即使最不善于交往的人，也会期待友谊的支持。每种情绪都有独特的意义，反映了儿童的经历和感受。当儿童身边有一个一直陪伴着的东西，不妨与它成为朋友，发挥它的力量。和情绪成为朋友，和儿童一起认知情绪，认同、允许、接纳情绪的存在。父母可以通过这样几种方式帮助儿童和情绪相互了解、相互认知。

第一种方式：熟悉情绪词语，认同情绪，一起接纳和欢迎情绪的发生。婴幼儿期，父母和其他成人养育者通过语言文字带领儿童认知世界，拼音字母、动物、古诗词和数字，都是父母借助的道具，情绪种类也可以占有一席之地。儿童从出生开始就有了情绪体验，但是要到学龄期才会学习和情绪相关的词语，在此之前他们的很多感受其实是没有准确表达的，而元情绪不敏感的父母也常常不知所措。父母在儿童练习说话的时候加入情绪词语，就可以和儿童一起从头认知情绪。故事是每个儿童成长过程中不能缺少的重要内容。讲故事的时候，也可以加入情绪感受的分享，比如，白雪公主一个人走在森林中是恐惧的，灰姑娘见到精灵教母的时候是欣喜的……很多儿童绘本的配图细致地展示了每个人物的表情神态，有的主题就是关于情绪的故事。成人养育者可以通过这些故事和画面，引导儿童回顾自己的感受：因为自己的玩具坏了，所以很伤心，就像你今天下午的感受一样，你也是这样想的吗？你觉得这里的小兔子感受是怎样的？你今天有过同样的感受吗？关于情绪觉察，父母也不是天生的行家，但是有很多故事、成语、动画片、古诗词可以起到帮助作用。不过情绪觉察需要从惊喜、愤怒、哀伤、恐惧的基本情绪开始，随着年龄的增长，逐渐到复合情绪，以便遵循儿童的情绪理解发展规律。

第二种方式：做情绪记录卡。情绪具有周期性，在一天的完整时间内，或在一个月的周期内，即使没有诱发事件，情绪也会表现出周期性的变化特点。通常来说，在一天的时间内，7 点至 10 点，14 点至 16 点，20 点至 22 点，情绪较兴奋且稳定；7 点以前，12 点至 14 点，18 点至 20 点，22 点以后，情绪较低落。如果时间扩大到一个月，情绪会经历兴奋不稳定—兴奋且稳定—抑制不稳定—抑制且稳定几个阶段。情绪并不是突然发生的，儿童的情绪也符合周期性的特点。情绪记录可以帮助儿童直观地看到情绪的发生、表现和变化，进一步熟悉自己的情绪。情绪记录卡的格式如下表所示。

时间段					
情绪感受					
情绪事件					
行为表现 / 我做了什么 / 我说了什么					

情绪记录卡每天一份，时间段以情绪事件发生时间为准，也可以记录几个固定的时间段。例如，起床、早饭、上学路上、放学路上、晚饭后等，或者以客观的时间划分间隔，每小时为一个

时间段。情绪感受分为“高兴、生气、伤心、害怕”4种基本情绪，也可以使用表情贴纸代替文字。学龄前儿童可以由父母或教师协助记录，小学阶段的儿童可以自己记录。情绪记录卡适用于各个阶段的儿童（也同样适用于高中生、大学生和毕业后的成人），由于儿童的年龄不同，可以将情绪记录卡进行修饰。根据情绪记录卡的记录情况，父母可以和儿童有一个关于情绪的分享。情绪记录卡不仅让儿童直观地看到自己的情绪，也协助父母觉察儿童的情绪变化，提升父母的元情绪能力。情绪记录卡中记录了情绪感受，还有儿童的情绪反应，便于父母进行相应的行为指导和情绪调节，当儿童进入小学高年级，还能够用于自我反思。

第三种方式：绘制心情曲线图。心情曲线图由横纵坐标轴组成，横坐标表示时间，纵坐标表示心情状态。根据情绪感受的强度，开心的情绪，绘制点在横坐标的上方；低落的情绪，绘制点在横坐标的下方，然后将每个情绪对应点连接起来，就形成了心情曲线图。

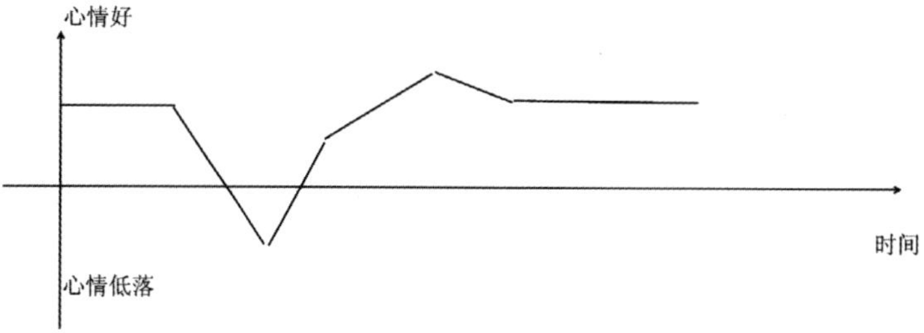

其中，时间轴可以是一天的时间，也可以是一周7天，还可以是一个月。图中的情绪对应点可以根据情绪记录卡进行绘制，也可以直接在对应的时间处绘制。纵向的心情轴也可以数字化，好心情标记从“+1”标记到“+10”，心情低落从“-1”标记到“-10”，根据每个情绪估计的分值进行绘制。由于相关绘制规则受到儿童理解能力的影响，心情曲线图适合小学高年级以上的儿童使用，或者由父母进行绘制。心情曲线图可以直观地看到情绪的变化趋势，时间轴的时间跨度越长，越便于发现情绪的周期性变化。当进入青春早期的儿童绘制了心情曲线图，可以看到情绪的剧烈起伏，有利于儿童自我觉察，发现自己的情绪特点；有利于父母的指导性沟通，也便于应对青春期儿童掩饰真实感受的情况。

第四种方式：制作情绪风车。风车是一种比较简单的折纸玩具。在风车的每个车轮上写下儿童当天经历的主要情绪，并把不同的情绪涂上不同的颜色。当风车转动时，不同的情绪经历会呈现不同的颜色状态。制作情绪风车，对各年龄阶段的儿童有不同的效果。对于学龄前的儿童，可以由父母和儿童一起完成，这是一个情绪沟通的过程，也是一种亲子互动的方法。对于小学阶段的儿童，可以由儿童独立完成。当儿童进入小学阶段，大部分的时间在学校，父母无法得知其在学校的完整经历，而儿童在学校里经历了情绪事件后，可能十分兴奋，情绪过于高亢，可能情绪低落不愿意再次陈述，可能感受到委屈，却不能很好地表述。当儿童把情绪写在风车上，这同时也是一个信号，父母根据儿童今天的情绪风车，有的放矢地知道儿童的感受。在风车制作的过程中，每种情绪对应了一种颜色，将情绪的分类增加了一种表示方式，从新的一种角度促进儿童对情绪的理解。

情绪并不复杂，但父母有时不知道如何分类情绪、描述情绪，也无法清晰地传递给儿童怎样表达自己的情绪。本节分享的几种方法都是在协助父母和儿童拉近与情绪的关系，学习熟悉情绪词语，记录情绪的发生，认同并接纳情绪。随着儿童年龄的增长，儿童也可以进行情绪日记，更详细地写下情绪事件、情绪感受和自己的情绪表现。当儿童将自己的情绪当成一件平常的事情，那么情绪的任何状态就不会让儿童或父母手足无措，也不会被刻意忽视。

第三节　向情绪坦诚心事

当儿童的情绪发生，根据他学会的情绪表达规则，他知道在公开场合，要保持风度和礼貌，他懂得为了让父母开心，暂时隐藏修饰真实的感受。但是情绪并不会自己消失，最后往往导致儿童陷入某种情绪感受中无法缓解，造成情绪困扰。为了鼓励儿童的情绪表达，可以通过一些方式帮助儿童将情绪合理顺利地表达出来，倾诉坦诚自己的心事。

画情绪。儿童对绘画有一种天然的喜爱，每个儿童都有拿起笔就涂画的阶段。这些看上去没有规则、难以辨认的涂鸦乱画，其实是儿童自我内在感受的一种表现，属于儿童表达情绪的方式和语言。绘画能够帮助儿童倾诉心事。即使是成人，准确地描述自己的情绪感受也不是一件容易的事情，对儿童来说更难以做到。绘画是儿童和成人都可以使用的自我情绪控制、宣泄和稳定情绪的重要方法。在绘画作品中，儿童可以通过颜色、线条、细节、形状等将内心难以用语言描述的情绪倾诉出来，进而释放、宣泄焦虑、喜悦、愤怒和恐惧等被隐藏或被压抑的情绪。父母和其他成人养育者可以通过儿童的绘画，帮助儿童形成自我情绪调节机制，赋予儿童绘画的意义。在日常生活中，成人养育者需要给儿童创设适宜、没有压力的绘画氛围，这有利于儿童的无声倾诉。在绘画的过程中，鼓励儿童自由地描绘，但是要避免评价儿童的作品像不像、好不好看、对不对。侧重于提高儿童对绘画的兴趣和乐趣，避免父母的个人意图参与过多或者功利性目的过于明显而妨碍了儿童绘画的积极性。绘画的方式可以自由一些，绘画本、涂鸦墙、故事书的扉页、笔记本的空白处、闲置的白纸都能够方便儿童随时随地地自由作画。在学校里，也可以通过集体活动、艺术手工课、美术课、班会，配合学习和活动主题设置绘画环节，在课余和活动延展、活动小结的环节给儿童创设表达情绪的空间。

绘画的主题不需要特别限定，儿童可以自由地画想画的内容，风景、人物、动物、杂乱无章的内容都可以。然而，当父母觉察到儿童正处于情绪困扰，急需一个出口的时候，也可以通过一些主题，有目的地引导儿童表达。例如，当儿童的情绪困扰与自我认知有关，父母可以引导儿童绘画自画像，自画像不局限于人像，也可以是动物和物品。只要儿童画出关于自己的当下感觉就可以。当儿童的情绪困扰和家庭有关，可以让儿童画出我的家。同样地，绘画内容可以不是现实的家庭场景和家庭成员，只要画出儿童喜欢的、向往的家庭生活就可以。绘画的主题可以是“我的愿望”和“我想去的地方”之类，一个简单的主题可以给儿童一个倾诉的出口。此外，父母也可以和儿童一起进行绘画，从一条曲线、一个方形开始，由儿童添加联想到的内容，然后父母加上相应的形象，合作完成完整的内容。如果儿童把曲线变成了下雨的云朵，父母不妨画上避雨的雨伞和雨衣，为画中的内容添加保护和支持，让儿童感受到不论什么样的情况，父母都可以信赖。情绪调节不一定是有声的，绘画是一种无声的倾诉。同样地，父母也可以在画中做出无声的回应。

在看到儿童绘画的时候，成人养育者会希望得到相关的解读知识和技能，希望从儿童的每个作画细节解读儿童。儿童画作解读在心理学和教育学中，有很多研究人员进行了探索和总结，在不同情绪状态下，儿童选择的颜色会有不同，在看到无明显情景主题的作品的时候，儿童可以做出不同的情绪解读。尤其学龄前儿童选择颜色倾向于情感喜好而不是是否好看。但是这些解读通常是对特定儿童群体的解读，并且涉及的相关知识也比较复杂。而且绘画本身已经是心事的倾诉，内容解读并没有那么重要，父母和教师不必纠结于此。对于儿童的画，父母可以进行简单的回应：我看到画中画了……只陈述，不评价。引导儿童把画中的内容进一步清晰地表述出来。或者编一个故事，按照画中的情节将故事发展下去，传递给儿童安全和陪伴。

我信息传达法。儿童的情绪并不是都无法直接表达的。在人际交往的互动中，情绪困扰的一部分原因就是在情绪发生时，那些情绪化的表达使情况陷入更糟糕的境地。儿童或得意忘形、或泣不成声、或怒不择言，表达出口的语言都是情绪化的。表达情绪不同于情绪化的表达，表达情绪是让对方接收到自己的真实感受和准确需求，情绪化的表达却是激动、愤怒的，对方接收到的是不满和不可沟通。儿童被情绪感受困住，无法准确清晰地传递出信息，成人养育者需要做的引导是与儿童一起分析问题的原因，引导儿童学习正确的情绪表达方式。在情绪化的状态下，人们的表达都是以“你”为主语的，不论成人和儿童，都急于指出对方的不足：“你怎么可以这样做！你凭什么这样对我！”儿童面对父母时会说：“你们怎么就不懂呢！”父母对儿童时也会强调：“你就是不听话是不是？”这种表达强调了对方的所作所为，引发的结果通常是对方的敌对感、自卑感和防御状态，甚至愤怒。有时儿童在向成人转述情绪事件的时候，也是用这种类似评价和总结的方法：“他欺负我！他就是小气！”这时，儿童传递的都是关于对方的信息，没有自己的感受和需求，父母接收到的也都是不确切的信息。回应也是片面的。因此，可以让儿童试着在表达的时候，将主语转换成第一人称“我”，使用我信息传达法：“我不喜欢你这样的语气。”“我感到生气，因为你拿走了我的书。”

我信息传达法以第一人称表述，首先描述对方的言行；其次表明自己对此的感受；最后说明带给自己的影响或结果。在描述对方的言行时，使用“我看到 / 听到 / 发现……”作为开头，“我看到妈妈把我最喜欢的玩具拿给了他们玩”“我听到同学给我起外号”，对于这些“我”发现的行为，“我感到不开心”“我感到难过”“我觉得委屈”……“我希望妈妈经过我的同意再拿我的东西”“我被大家笑话了”……我信息传达法的每一步，都使用具体描述，引发情绪的行为越具体，越便于父母了解儿童的想法。在帮助儿童使用我信息传达法的时候，父母可以通过选择式的提问，逐渐明确诱发儿童情绪的行为。询问儿童看到了什么，听到了什么，是因为行为，还是因为某句话而有了不同的感受，最后呈现给儿童一个清晰的连接。

转换表达情绪的人称，将情绪感受还给儿童自己，传递给儿童，情绪是自己的感受，并不仅仅是对他人行为的回应。在表达过程中将“你”替换成“我”，表达出的信息是平等的。同时便于儿童表达出真实的情绪，得到父母的理解和帮助。不论是在情绪诱发情景中，还是向成人养育者转述情绪发生过程，使用我信息传达法，能够帮助儿童正确倾诉情绪和需求，完成情绪感受调节。

情景模拟与角色扮演。情景模拟是学校教学过程中经常使用的一种教学方式，主要通过情景过程的虚拟再现，让儿童理解事件发生过程，在短时间内提高认知理解能力的一种方法。在情景模拟过程中，会有不同的角色出现，角色扮演就是由成人养育者和儿童扮演不同的角色，让儿童参与其中，或者以旁观者的方式，理解每个角色的感受。当儿童有了某种情绪，言语表达和倾诉需要儿童具备一定的语言表达能力，也受到父母元情绪能力的影响。父母对情绪问题的解读，与儿童当下感受的共情，都会影响儿童建立自己的情绪调节机制。父母传达的信息对不同年龄阶段、不同理解能力的儿童来说，有时则成了阻碍。再现情绪诱发情景，将儿童带回互动的情景，更便于儿童的理解，甚至不需要父母过多的言语劝导，儿童的情绪感受就可以自然地表达纾解。借助情景，儿童还可以觉察到更多没有觉察的感受，通过语言和非语言的互动，将冻结阻滞的情绪带出来。由于得到父母对情绪感受的认可，儿童的情绪困扰也可以得到缓解和调节。

成人养育者在运用情景模拟和角色扮演的方法时，创设的情景可以是真实情景的再现，也可以是未来情景的设想，也可以是真实情景的变形。以虚构的故事呈现，能够吸引儿童参与和理解就可以。情景中的角色可以由儿童扮演自己，或者扮演诱发情绪的另一方，或者扮演成人角色。角色设置不要太复杂，角色扮演以诱发思考为根本目的，并非考验参与者的演技。也可以由儿童作为观众或导演，父母扮演儿童，由儿童决定故事的走向。角色扮演过程中，父母也可以是观众，由儿童担任导演，角色由玩偶代替演出，更全面地觉察儿童的感受。总之，情景的再现和参演人员没有特别限定，只要儿童能够理解就可以。

情景模拟过程中运用了一些专业的心理教育的技术。最核心的技术是角色互换。首先由儿童扮演自己，再现情绪诱发情景；其次角色互换，由儿童扮演情景中的另一个主角，表现出儿童期待的反应，以回应和肯定儿童当时的情绪感受。通过对儿童的认同，鼓励儿童将真实情绪纾解出来。同时父母也可以观察到儿童隐藏在情绪背后的需求。角色的交换有利于儿童理解情景中的另一个人的感受，清晰自己的情绪带给他人的困扰。不仅儿童自己会有情绪感受，对方也会有，因为情绪是同时发生的。第二个技术是照镜子。父母可以模仿儿童的动作、态度、语言来表现儿童，儿童可以从旁观者的角度看到自己，同时看到自己的情绪，进而产生对情绪后果的领悟，主动完成情绪管理。在一个亲子电视节目中，有一个 7 岁的男孩因为对环境的新奇，整个情绪都在兴奋状态下，当主持人宣布游戏规则的时候，他只沉浸在自己的好奇情绪中，一直东张西望，不能集中注意力。晚上他和父亲独处的时候，父亲将白天的情景再现，让男孩扮演主持人宣布规则和讲话，父亲扮演男孩白天的状态，然后询问他的感受。男孩很快就理解了自己做得不对的地方，懂得了情绪表达规则，以及如何进行情绪控制。第三个技术是独白。独白不同于角色的台词语言，而是角色的内心想法的呈现。父母可以暂停情景，引导儿童把想法表达出来。情景模拟也可以由儿童自己进行，当儿童可以进行自我情绪调节、独立使用角色扮演、一人分饰多个角色时，独白能够澄清没有觉察到的想法，将情绪主观体验显现出来。第四个技术是未来投射。帮助儿童表达对未来的期望和感受。情景模拟不局限于过去，也能够展现未来。情绪调节指向的是未来，当儿童再次出现类似的情况，如何自我管理和自我调整。模拟的情景需要有一个结局，父母和儿童一起讨论并把期待放在当下表现出来，通过对情景走向的构建，增进儿童对期待的理解，学会情绪调节的方法。

儿童的行为养成多是通过模仿习得的，模仿潜移默化地发生，角色扮演运用在无意识的模仿中进行，通过有意识地引导实现儿童的情绪表达和调节。面对儿童的情绪困扰，带领儿童回到情绪诱发的情景，一起分析情绪是如何发生的。在日常生活中，角色扮演不必刻意创设，儿童的游戏中有很多机会。这样情绪调节就可以在儿童的游戏中自然发生。

情绪管理树。为了引导儿童表达出当下的情绪感受，父母的直接询问有时不会得到想要的答案，那么可以通过间接询问的方式获得信息。儿童的语言表达能力、情绪描述能力都在发展中，父母的询问策略随着儿童的能力发展不同而变化。引导儿童将情绪表达出来，得到父母、教师和朋友的理解，儿童的情绪困扰便缓解了许多。情绪管理树是一幅由大树和无差别的人物形象构成的图画，是一种情绪管理辅助工具，图片中的人物没有明显的性别和年龄差异，每个观看图片的人都可以用图片中的人物状态代表当前的自己、当前的情绪，也可以用来认知自己、识别他人、觉察关系。

情绪管理树适用于学龄期及以上年龄的儿童使用，通过父母提问儿童回答的方式实现儿童情绪感受的表达和调节。随着提问的问题逐渐深入，儿童便会逐渐袒露感受，渐渐认知自己和识别他人的情绪。首先，根据儿童当前的情绪提问他们看到了什么。例如，在这棵树上谁最开心？谁最好玩？谁最难过？谁在伤心？谁有心事？谁最孤单？在儿童熟悉了图中的人物之后，继续第二个阶段的提问，提问关于儿童的判断和认知。例如，图中哪个人物是在关心别人的？哪个人物可以成为警察？哪个人物能够成为领导？哪个人物这样做是错的，甚至会犯罪？哪个人物有受伤、死去的风险？第三个阶段的问题将儿童带入图中，问题围绕儿童的感受以及与图中人物的互动。例如，谁是目前的你？你最羡慕谁？谁最令你害怕？你最不想和谁在一起？你会选择谁做你的朋友？你最想去谁的身边？图中谁是爸爸妈妈？图中谁是你的老师？每个阶段的提问数量并不限定，问题也不必须固定，成人养育者可以根据儿童的参与情况进行选择。在儿童回答之后，需要进一步追问原因和推断依据。情绪管理树可以和一个儿童进行，也可以是多个儿童组成小组一起进行。以小组的形式进行，儿童能够看到其他人表达出的感受，会发现相同的情绪，也会发现与自己认知判断完全不同的答案。每个问题没有标准答案，在陈述和互动中，儿童完成了倾诉和表达，在听到他人的回答时内心也会自觉地对比修正，因此，小组进行有时比单独个人进行效果会更好。当两个好朋友发生争执，当几个同学之间有了矛盾，父母和教师可以把他们叫到一起，面对这棵树上的人进行回答，分享彼此的情绪，问题也就解决了一半。通过图片，儿童会领悟自己，认知他人，逐渐发现大家厌恶排斥的都是那些危险愤怒的人，大家追求的是安全与快乐。

每个人都有倾诉的渴望，尤其在经历了内心碰撞的时候。儿童很想将情绪感受的起因、经过和结果向信任的父母诉说，却没有机会和途径。父母有时着急，有时激动，有时控制不住进行评价，直接给出结论，这不能帮助儿童形成自己的情绪调节机制。情绪管理树是一个可以借助的工具，父母在使用的时候不必给出过多的结论，只要营造信任的倾诉环境，让儿童感受到不论自己的诉说是怎样的，父母都愿意接受。父母在教养儿童的过程中不断传递自己的价值观念，但是儿童还在成长过程中，年龄和生活经历的差异永远不可能消除。所以，在借助这幅图画的时候，父母依旧要禁止评价。情绪管理树不仅可以帮助儿童表达情绪，也能够帮助儿童觉察自我，审视人际交往情况。如果你愿意，现在父母也可以将上述 3 个阶段的问题进行自我提问：图中的哪个最像自己？哪个最像你的孩子？为什么？身为爸爸或者妈妈，你们的感受和判断是一致的吗？

表达情绪和宣泄情绪并不完全相同，眼泪、尖叫、大笑……宣泄情绪的目的是尽情地释放，表达情绪侧重于清晰地传递出情绪感受，是一种倾诉。倾诉情绪是宣泄的方式之一，是父母可以选择帮助儿童建立情绪调节策略的方法。有时情绪萦绕在身边，倾诉之后，才会更好地发现问题在哪里。不论父母是何种元情绪，借助情绪觉察策略，帮助儿童纾解感受、坦诚心事，儿童将建立属于自己的合理的情绪调节机制。

第四节 情绪调节 ABC 理论

父母希望儿童每天都体验着积极情绪，因为积极情绪让儿童产生积极的行为，而消极情绪会让儿童失去做事和学习的兴致。持续的某种情绪状态的确会影响儿童的行为。然而现实却是即使儿童经历了同样的事件，却并不一定产生相同的情绪，相同的情绪也不能推测出必然的行为。这使得父母在调节儿童情绪的时候更加为难。因为，儿童经历的事件并非直接导致情绪感受，其中还有一个重要环节，这也是情绪调节 ABC 理论所阐述的内容。情绪调节 ABC 理论由美国心理学家埃利斯提出。 他认为同样的生活事件（activating event，A），之所以引发不同的情绪感受和行为（consequence，C），是因为每个人对生活事件的想法、信念、解释和认知（belief，B）不同，符合理性的 B，会产生合理的积极应对的情绪和行为，不符合理性的 B，会产生非理性的情绪困扰和消极行为。

儿童进入学龄期，主要的生活任务是学习，情绪诱发的主要事件也离不开学习。当学习成绩下降，或者某次考试成绩不理想，有的儿童会认为这是自己太笨了，学习能力不足，复习准备了这么久却得到这样的结果，学习没有希望，从此一直郁闷、自责，失去了学习的信心，不再投入学习；有的儿童觉得这只是一次偶然的考试结果，是自己没有全身心投入，只要再努力点儿，下次成绩一定会提高，因此会更加投入学习。儿童对世界的认知尚不完善，时常陷入不合理的信念中。即使是成人，对发生事件的信念也不一定都是合理的。埃利斯总结了常见的 11 种不合理信念。

“我一定要得到所有对自己重要的人的喜爱与称赞。”被自己在意的家人、朋友和教师喜爱是每个学生都期待的，但是这种喜爱却不是永远不变的。和朋友会发生矛盾，和家人会有意见不同，也会受到教师的批评，有时这些重要的人也会表现出对其他人的喜爱。当儿童执着于一定要获得身边的人对自己的喜爱，并且不论是什么情况下都要称赞自己，往往使儿童设法取悦父母，按照父母的期待参加各种比赛竞赛，按照父母的喜好选择兴趣班和学校。一旦做不到或做不好，儿童就会陷入沮丧、失望，感觉被冷落。有时儿童表现出的情绪是愤怒和急躁，有时表现出的是内疚和自责。父母需要告诉儿童，只要不是被身边人时时排斥和事事厌恶，哪怕只有一个人称赞自己，就能够确定自己是被喜爱的。

“我必须各个方面都有能力，这样才是有价值的。”父母经常向儿童传递“望子成龙”的期待，然而父母期待看到的是自己的孩子获得努力、勤勉的品质，有能力胜任将来的生活。但是儿童一旦将自己的个人价值与能做到的成绩建立起联系，儿童只会不断追求完美，一旦失败就会深陷痛苦，被无尽的焦虑包围。没有一个孩子能够在各个方面都有成绩，每个人的精力有限，能在某些范围内做出一些成绩，就是有价值的，人的价值不会因为某件事情的成功或失败而受损伤。父母此时需要认可儿童已经做到的事情，避免和儿童强调你其实还可以做得更好。

“世界上的坏人、恶人、做错事的人，必须受到谴责与惩罚。”世界并不是只有一种判断标准，好人也会犯错，坏人也有好的一面。一件好事或者坏事，不能评判这个人的本质。不必因为同伴做了一件不符合自己标准的事情，就一定要惩罚他。也不必因为一件不理解的事情，就觉得教师是恶人，必须让教师受到谴责。儿童对行为结果和行为原因的区分理解需要到小学高年级才能逐渐理解，父母要注意儿童的道德发展阶段，引导儿童包容和理解自己不认同的行为，避免陷入不合理的愤怒和极端行为中。

“当事情的发展不像自己预想的一样，是悲惨可怕的。”儿童期待对事情的掌控，尤其青春期的儿童渴望成人般的独立，当事情不如意的时候，会手足无措，甚至有大难临头的感觉。父母可以帮助儿童寻找应对挫折的方法。凡事的走向受到很多因素的影响，不论什么样的发展，什么样的挫折，都不是最终的结局，都还有改变的机会。面对生活中的各种事件，儿童要关注自己的努力，而不是事件某一时刻的结果。当事件的结果不如意，就努力地改变它，如果结果不能改变，就尝试接受它。

“我的痛苦和困惑、不快乐，都是外在因素引起的，我无法控制。”情绪感受并不是由外在的事件引起的，而是由内在信念判断决定的。信念是儿童主观的想法，可以学习与调整，由此引发的情绪也是可以改变的。毕竟，同样的事件不会诱发每个人相同的情绪感受。情绪感受的发生不能完全控制，但是情绪调节是每个人都可以掌握的技巧，每个人都可以找到适合自己的调节方法。

“那些危险的、可怕的事情，必须时时刻刻注意，随时关注它的发生。”那些还没有发生的危险，指向未来的担忧，就是焦虑。焦虑使得儿童不能平静，一直沉浸在做不必要的检查和准备中。危险的事情很可怕，提前做一些准备是必要的，但关注需要有一个程度，要控制在不影响日常生活的情况下，时时刻刻是不必要的。随时随地的关注不仅表示谨慎，也显示儿童不敢面对这些危险的事情，一旦事情发生自己不能承担后果。父母可以让儿童多了解所担忧的事情，增强危机应对的信心和勇气。那些可怕的事情不一定发生，我们可以做好充分的准备。就算发生了，也要敢于面对危险。

“面对生活中的困难和责任太难了，逃避反而更容易。”当假期就要结束，堆积的作业没有完成，有这种认知信念的儿童并不会抓紧时间补救，反而自动忽略，完全避开作业的相关信息。当和朋友因为某事发生矛盾，这种想法支配下的儿童会躲开矛盾事件，开始溜走当作事情没有发生。然而问题不会因为忽视就自然消失，反而还会导致更糟糕的结果。儿童的烦躁情绪也不会得到缓解。父母可以做的是引导儿童尝试面对困难，并给予相关的方案和支持。通过主动的行动，发现困难和责任并没有想象中那么难。

“我必须依赖比自己更强的人才能够生活得更好。”依赖是一种不自信和不成熟，认为自己做不到，甚至拒绝独立和成长。儿童阶段很多生活应对的确都需要依赖父母，但是随着年龄的增长，儿童逐渐能够自理，关于学习、关于生活、关于规划都可以独立完成。过分夸大依赖的必要性，忽视了儿童自己的自主性，导致儿童产生不安全感和惰性。父母在日常生活中鼓励儿童做一些力所能及的事情，保持人格的独立。每个儿童都可以成长为有能力的个体，可以向更强的人求助，但是不能将自己的生活完全由他人做主，毕竟父母不能替代自己的生活。

“一个人过去的经历和事件，决定了目前的行为，而且这种影响永远不可改变。”过去的经历和事件确实是不可改变的，但是过去并不能决定现在，现在的认知和行为取决于对过去经历的理解与想法。如果儿童认为自己有能力应对，儿童就可以积极学习和生活；认为自己必须依赖他人，就会偷懒和逃避。同样地，过去也不能决定未来，未来的事情还没发生，未来的价值判断也会变化，是不可预测的。有的教育理念过分强调了过去的经历，尤其曾经的伤痛。因为痛苦是难以消除的，父母也因此小心翼翼。然而那些影响不是决定性的，影响是可以改变的。父母不必过于担心，要传递给儿童成长的信心，每个人都可以通过自身努力改变现在的现状。

“一个人应该关心他人的问题，并为之感到悲伤与难过。”儿童的共情能力自婴儿时期就已经具备，成人养育者也不断鼓励儿童的同理心。共情同理应是一种期待，而不应是一种要求。让儿童因此陷入悲伤而不能自拔，甚至觉得他人处于痛苦中，自己也不可以轻松快乐，则表明儿童陷入了不合理的认知联结。没有人能够完全替代他人的感受，过分投入他人的事情，对事件和他人来说都是无意义的。共情他人感受是为了理解和体谅，而不是将对方的情绪转嫁到自己身上。父母需要告诉儿童，关心和同情他人的处境是一种很好的品质，在有能力的情况下不吝援手就好。即使无法提供帮助，也并不意味着关心是虚假的。共情与提供帮助之间没有必然的联系。

“每个问题都必须有一个正确、完美的解决办法或唯一的答案。”儿童在学习过程中总是伴随着正确答案，导致了这种观念从试卷中转移到生活中，凡事都必须找到正确的、唯一的答案。然而生活事件并不是数学题，比如选择玩具，并不存在哪个玩具是最完美的唯一选择，也不存在哪个人是最完美的好朋友。有些问题的答案永远不唯一，有些问题甚至没有适合的答案，执着于那个明确的答案，儿童只会迷惑和沮丧。并不是所有的问题都有正确而完美的答案，探索和思考的过程比答案更重要。

导致情绪困扰的不合理信念有如此之多，总结起来，可以归纳为 3 个主要的特点：绝对化、过分概括和糟糕至极。绝对化是指那些从自己的意愿出发，认定某件事情一定会发生或一定不会发生的信念。通常的表述中会带有“必须”“一定”。比如，“我必须是第一名”“朋友必须夸奖我”“做错事一定要受到惩罚”“一定要得到所有人的喜欢”等。过分概括，即以偏概全，通常体现在评价观念中，以某件事或某几件事的结果评价自己或他人的全部，一旦失败，就认为自己一无是处，没有价值，或者认为他人很坏，没有任何能力，导致自责自卑、愤怒责备。糟糕至极是认为一件不好的事情发生，会导致更多不好的事情发生，认为一个糟糕的结果会带来可怕的、灾难性的后果。关注点总是围绕负面的信息。如果这次的英语测验不理想，自己的英语学习也不会提升，整体学习成绩也就没希望了，以后也就没有机会去想去的学校，未来也就没有希望了。

在运用情绪调节 ABC 理论的时候，父母首先要帮助儿童寻找到情绪事件 A，分析对情绪事件 A 的不合理信念 B，以及导致的不良情绪和行为 C。然后与儿童一起将 B 转变为合理信念，最后建立新的情绪感受。不合理信念转变的过程是一个循序渐进的过程，父母可以概括出儿童的观点，然后询问儿童，这样想的依据是什么，怎样证明这个想法是正确的。这个过程不是说教的过程，举例子比道理更易理解，关键词的转换比句子转换更易实现。这个过程受到儿童年龄和理解力的影响，比较适用于小学高年级以上的儿童。几种不合理信念可能同时出现，不合理信念和合理信念也可能交互出现。父母也要注意觉察自己的认知是否合理。每个儿童或成人，既可以是理性的，也可以是非理性的。按照理性去思维，将体验到更多的积极情绪，并且使行动充满成效。

第五节 给儿童和情绪的相处留出空间

小陈是一个10岁的男孩。暑假时，他要一个人参加一场为期5天5夜的成长营。成长营中有一半的儿童是小学生，一半的儿童是初中生。小陈和几个同龄的小学生一起坐着大巴车来到成长营。由于是最后一批报到的成员，小陈的寝室里已经有3个男孩入住，当时正是晚饭前，早一天报到的孩子已经在成长营里帮忙和玩耍了。小陈第一次来到这里，和这些孩子都不熟，他站在寝室门口，一直皱着眉头，看着院子里跑来跑去的其他孩子。成长营的指导教师担心他不适应，问他累不累，东西有没有放好。小陈只是摇头，不说话，有点儿孤单的样子。教师虽然担心他，但是没有想到什么办法。过了一会儿，小陈离开寝室，被几个跳远的小学生吸引了注意力。这几个孩子来自同一所学校，他们的跳远游戏规则只有他们几个知道。很多孩子都被吸引过来旁观，有比较大胆开朗的孩子看了几个回合之后就主动加入了进来。小陈也有点儿感兴趣，指导教师站在他身边问他：“你看懂他们的规则了吗？要不要一起参加？”小陈还是不说话。又过了一会儿，指导教师悄悄和正在游戏中的一个比较外向的孩子示意，让他去叫小陈。那个孩子跑过去，一把把小陈拉了进来，两个人没有什么语言交流，一个对视和一个微笑，小陈就加入了游戏，露出了到成长营后的第一个微笑。

这是一个儿童成长营的指导教师的观察故事。儿童在未成年之前，身边围绕着各种成人养育者，每个成人养育者都承担着教养的责任。在看到儿童的愁眉苦脸时，总会想要询问或想办法解决。然而这个干预的时机如何把握？儿童当下的状态是可以顺其自然转变的，还是需要成人养育者的指导呢？是需要专业的干预技巧，还是只要提供一点儿协助呢？在上述的故事中，这位指导教师的参与是必要的吗？这位指导教师在成长营的接触中发现，小陈的个性比较内向，但是很有主见，他不喜欢交流，善于独自思考、独立解决问题。如果是熟悉小陈个性的父母和教师，他们是否会只是旁观，等待小陈的适应呢？

儿童的情绪状态反映了儿童对环境和他人的感受，然而并非情绪刚发生就要立即跟进。成人养育者需要有耐心地等待儿童情绪的发生过程，并且需要区分儿童的情绪反应、儿童的情绪困扰和情绪心理问题之间的区别。正常状态下的情绪反应是儿童必要经历的过程，成人无法杜绝儿童的负面情绪感受。开心的事情喜上眉梢，愤怒的事情横眉冷对，但是只有正面情绪的儿童也无法正常地成长。儿童因为某种情绪的持续体验，甚至陷入某种心境，导致焦虑烦恼，影响了行为，自己无法调节时，父母和教师的帮助就可以发挥作用了。而当儿童的情绪困扰持续的时间比较长，父母和教师已经无法帮助改善，成了情绪问题，影响了心理健康，则需要专业的心理咨询师或者心理治疗机构的介入。情绪状态是判断儿童心理健康的标准之一，如果儿童的情绪能够保持平和、稳定和愉悦，他就是心理健康的。平和是指心境宁静，不浮躁；稳定是指情绪平稳，没有大起大落；愉悦是指心情愉快。父母在觉察儿童的情绪时，如果儿童一段时间内的情绪记录，整体上符合这 6 个字的特点，则可以运用自己的经验指导和协助儿童形成自己的情绪调节策略。这几个特点的衡量因儿童的个性不同而已。有的儿童个性好动、活泼，喜欢交往，兴趣广泛，注意力难以集中，这种个性的儿童大部分时间情绪愉悦，虽然心境常起伏，但也属于稳定的。有的儿童精力旺盛，直率冲动，情绪起伏较大，虽然心境稳定，但是宁静的时候比较少。有的儿童则稳重、沉默，反应比较慢，喜欢安静，情绪稳定不愿外露，相对来说情绪大起大落时的表现也不是很明显。儿童的个性在儿童阶段已经表现出明显的特点，父母要在尊重儿童的个性类型的基础上判断其情绪的变化，而不是从成人自己的角度理解。有些时候，需要给儿童一个自己和情绪相处的机会。

父母每当面对儿童的问题，从来都是关心则乱，常常对儿童的情绪状态做出不好的结论：“你这样不行，开朗点儿才能被大家喜欢。”“我孩子抑郁了。”而且父母也对儿童之间的差异十分敏感，比较总在不经意间流露出来。“你怎么这么胆小，你看别的男生都是勇敢的，这有什么可怕的！”“我家孩子特别没有耐心，×× 多好，做事情又细心又好。”这些评价和比较，就像是一个个标签，贴在了儿童身上。父母只是想表述自己的期待，但是儿童却在潜意识中使自己的行为越来越贴近这些标签，反而陷入急躁，越来越不能控制住情绪对行为的影响。儿童在成长过程中，每个适应社会的技能都在不断地成长、成熟，情绪调节的技能也是如此。在儿童独立应对情绪时，父母需要克制自己，尽力做出鼓励。鼓励不同于夸奖，比起“你真活泼”“你真勇敢”“太好了，男子汉就是要忍住眼泪，能屈能伸”，那些具体的平和的表述“你做到了在大家面前保持微笑”“你控制住了自己的愤怒”，更能清晰地传达给儿童他们做得好的地方。成人养育者，尤其父母，对儿童教养和引导的时候，敏感、急躁，且目标设置永远只有更高、更好。考试达到了 90 分，会补上一句：“下次要考到更高分！”数学测验得了第一名，会补上一句：“英语测验也得提高！”有的父母秉持着激励的路线，却忽视了儿童的自我成长空间。有的父母的敏感表现在总是对儿童的境况表示担忧，这样下去会更糟糕的。陷入心理问题的儿童只占人群比例的 5% 左右，而且这其中只有 1% 的儿童严重到需要持续治疗。

儿童心理健康的标准，除了情绪状态，还包括智力正常，自尊自爱，能够客观地评价自己和他人，有良好的人际关系，稳定协调的个性，热爱生活，心理活动与心理发展与年龄特征相适应。如果只是其中某一方面出现状况，并不能认定儿童出现心理问题。心理健康是一个动态的、不断变化的过程。判断心理健康与否，考察的也是一段时间内儿童的各种心理状态的平衡。当儿童的不良情绪在某些现实冲突中持续了一段时间，才有可能是心理状态的平衡被打破了。评判心理问题的程度，有一系列标准化的流程，例如，首先判断是否是心理问题，确认后，判定心理问题的程度是一般心理问题、严重心理问题，还是神经症、精神类疾病，最后才是根据不同的症状判定是何种的结论。有时，还需要借助心理测量工具进行。很多父母跳过了前面的流程，首先查找了各种症状，然后就判定儿童是心理问题，这是不准确的。此外，在心理界定方面，只有精神障碍属于心理异常，各种程度的心理问题都在心理正常的范围内。心理正常的儿童的问题可以由具有心理咨询资格的心理教师或心理咨询师来处理，心理异常的儿童可以由临床精神科医生来处理。心理问题与儿童的身体疾病是一样的，专业的咨询和治疗有助于儿童的成长。如果儿童的种种表现令父母棘手或已经干扰到日常生活，父母首先要反思是否可以改变某些固化的教养方法，或寻找专业支持。

情绪与儿童一起长大，儿童总会找到和自己的情绪相处的方法，找到适合自己的情绪状态、情绪表达和情绪调节策略。不妨给儿童一些与情绪相处的空间，在需要的时候父母再出现。当遇到挫折和困境，人们会产生一种反应状态，并随着环境变化而变化，最终完成在心理上的调节和适应，这种能力叫作心理弹性。心理弹性在生理系统内首先发生，从儿童阶段就已经在发挥作用。心理弹性像是心理状态中的一根弹簧，会随着适当的练习和经验不断增强。在儿童遇到情绪困扰的时候，心理弹性也会发挥功能。儿童是具备自己完善情绪管理的能力的，父母可以适当地等待，给予儿童自我成长的信任。当儿童来求助的时候，父母不妨询问他：你自己有没有尝试过什么样的方法呢？这些方法起到多少作用？肯定儿童做得好的地方，分析他做得不那么好的部分。鼓励儿童积累自己的经验。哪怕儿童说我没有办法，我不知道该怎么办，也表明他尝试过，只是没有得到想要的结果，向父母和其他成人养育者求助，这也是他做的努力之一，并且是一个很有效的尝试。只有儿童把这些情绪调节的策略纳入自己的情绪管理中，才是真正的成长。

第六节　让情绪“动”起来

所有的情绪调节方法，并没有哪一种是万能的。有时儿童可以采取和父母、朋友聊天倾诉的方法，有时暂时的离开、回避也有一定的帮助，有时迎难而上才能快刀斩乱麻……儿童在情绪调节时，选择何种方式，不取决于擅长的策略或认同的观念，而是取决于问题的本质。事先将所有的问题情景教给儿童，让儿童掌握自主判断的能力，对成人养育者来说并不是一个好的策略。时刻保持警惕，在问题发生后随时待命，难以操作，还对儿童的成长有一定的阻碍。而且在日常生活中，儿童情绪大部分时间都处于可控的范围内。在儿童没有表露出明显的情绪波动时，成人养育者其实可以通过一些日常练习，增强儿童的整体情绪管理能力。

情绪的 3 个要素是主观体验、生理唤醒和外在行为。其中主观体验和外在行为都是在情绪情景中才诱发的，而生理状态除了情绪情景的唤醒，在人体内部随时都在发生。已有研究发现，调节生理唤醒程度可以缓解情绪感受，达到情绪调节的结果。因此，在日常生活中，父母可以通过一些让身体动起来的方法，调节肌肉的紧张程度、自主神经的唤醒状态，让情绪也随之“动”起来，为情绪发生和情绪管理做好准备。

体育运动。保持身体和生理活性的最好方法就是体育运动。很多研究都已经证明，长期坚持锻炼能够有效预防抑郁和焦虑。

第一，运动能够提升整体的健康水平，包括生理健康和心理健康。面对压力事件，身体状况良好的人与身体状况较差的人相比，身体紧张程度和交感神经系统活动（呼吸、心跳、血压、肾上腺素等）的程度相对要低，更有利于情绪调控。第二，运动能够促进一种神经化学递质“内啡肽”的活跃，它的释放能够帮助身体自然止痛，不仅会缓解物理疼痛，也会缓解疼痛的情绪主观体验。在身体内部，有很多的神经化学递质调节着身体的生理活性，进而影响情绪主观体验。第三，通过身体的舒展，促进了生理内部植物性神经系统的调节，体温升高、心跳平稳、呼吸程度增加，肾上腺素的降低。通过生理变化感受到正面情绪，能够帮助儿童从负面情绪相关的生理激活中恢复到正常状态。尽管每个儿童获得快乐的来源不同，但是运动后的生理变化与愉悦、轻松、幸福的生理感受相似，运动可以成为快乐的来源。第四，情绪发生时，适当的运动能够帮助儿童转移注意力，暂时从那些压力情景和情绪任务中脱离出来。逃避不是缓解情绪的好策略，但是暂时地转移注意力，也可以避免儿童陷入更糟糕的情绪主观体验，就像去听音乐、玩游戏、看动画一样，帮助儿童避免陷入失控，在离开情绪情景后再平和地进行倾诉或其他调整。第五，长期的运动可以改变心境体验，心境是一种持久的情绪主观体验，甚至会让所有的即时情绪都染上心境的特点。运动能够使儿童的心境在一定时期内保持平和稳定，为那些突发的强烈情绪做好某种程度的预防和准备。

然而并不是所有的运动都能够为情绪调节积聚力量。从频率上看，偶尔一次的体育锻炼并没有特别的效果，长期的坚持锻炼才会发挥运动的种种益处，固定的时间、固定周期的运动量更有利于儿童身体的调适。比如，每天半个小时的慢跑，或者每周一个小时的篮球。从运动的强度来说，中等强度的运动量比较适宜儿童心境的改变和生理水平的唤醒。比较低强度的运动，生理唤醒程度不足，身体体验感下降，比如，从小区门口步行回到家里，时间短、强度低，无法称为运动锻炼。过于剧烈的运动超出身体负荷，会让儿童的心情更差。比如，像运动员一样，反复训练，时刻练习，这超过了儿童体育锻炼的目的。从运动方式上，有同伴参与的、引发儿童兴趣的运动，更能促进儿童的积极体验。爬山、游泳、慢跑、骑车等都是可以参考的。同伴参与，不局限于必须是团队合作的运动。在运动过程中，有其他共同兴趣的伙伴，或者父母的共同参与才是重要的。运动的目的是增强身体的生理活性和感受愉悦，如果只是父母在旁边监督，不断地督促，从儿童的感受上来说，就变成了一种消耗体力的特长班。因此，体育特长班从这个意义上来说不属于情绪调节的运动锻炼。父母在运动方面不要取巧。亲子之间的运动也可以通过游戏实现。比如，跳皮筋、跳舞、滑冰、各种球类游戏等。总之，趣味的、伙伴参与的、适量的运动才是适合儿童与情绪一起动起来的体育锻炼。

运动习惯的养成有很多方法，由浅入深、强度逐渐增加都是可以的。最初的运动计划可以带着儿童从尝试出发。制订一个清晰的运动计划有利于父母和儿童的共同参与和坚持。在运动或游戏过程中也可以设定一些小而具体的目标，鼓励儿童的进步。儿童各方面能力的成长离不开父母的陪伴与指导，运动也是父母与儿童的一种互动。在陪伴儿童体育锻炼的时候，把运动融合于日常，不必将运动单独出来，否则反而会成为儿童额外的成长负担。

放松训练。放松与运动并不矛盾，都是能够缓解肌肉紧张程度和生理唤醒水平的方法。让情绪“动”起来的方向有正向的也有反向的。通过肌肉的放松可以实现心理的放松，能够对抗情绪情景引起的生理唤醒。放松训练也可以称为松弛反应训练，通过反复的练习，儿童可以逐渐学会有意识地控制自己的生理活动和心理活动，增强内部的自我控制感，从而降低生理唤醒水平，实现情绪管理。放松训练不仅能够在情绪过程中发挥功能，也能够未雨绸缪，调整因为紧张反应造成的紊乱。放松训练主要的途径是消除肌肉的紧张。儿童可以通过冥想、肌肉放松训练，实现放松。在进行放松体验的时候，首先需要找到一个安静的环境，同时离不开父母的协助。在父母的语音提示下，完成放松训练。当儿童熟悉了这个过程后，可以做到独立放松，并能够在情绪激烈起伏时完成自我调适。

肌肉放松训练的过程是这样的：选择一个相对安静的空间，让儿童以一种舒适的姿态靠坐在柔软的沙发或者椅子上，闭上眼睛，双臂可以自然下垂也可以放在扶手上，把手表、手链、项链之类的束缚拿掉，必要时把儿童比较紧的袖口和领口的扣子解开。首先通过深呼吸将儿童的注意力集中在自己身上，父母也可以引导儿童把注意力放在自己的一呼一吸之间，或者引导儿童想象自己静坐在湖边或喜欢的风景中。然后在父母的指导下，儿童从手臂开始，逐渐体验身体每个部位紧张—放松的过程。第一个部位是手臂：用尽全力握紧拳头，保持 3 秒钟，然后松开拳头。父母在指引的时候，要不断强调握紧，可以使用这样的语言：“用最大的力气握紧你的拳头……再紧一点儿……很好，再紧一点儿……很好，保持住，再保持一会儿……很好，现在松开拳头。”父母可以通过不断重复语言实现计数，而不是让儿童自己计算3秒钟。松开拳头之后，指引儿童弯曲手臂，保持住手背和前臂的紧张，保持时间和引导语言可以相同，然后让儿童松开前臂。接着是肩部，从左肩开始，耸起肩膀向耳朵靠拢，靠拢得越近越好，保持3秒钟再松开肩部；再到右肩，耸起肩膀向耳朵靠拢，重复左肩的过程。如此实现整个手臂的放松。第二个部位是颈部：首先将头向后紧紧靠在椅背上，感受颈部和后背的紧张，保持住再放松；然后将头向前向下伸出去，将颈部绷紧，保持颈部的肌肉紧张，保持住再放松；接着是胸部的肌肉，深深地吸一口气，让这口气充满胸腔，憋一会儿，保持住，再慢慢将这口气呼出去。第三个部位是背部：将整个背部向后弯曲，弯曲程度到最大，感受背部肌肉的紧张，保持一会儿，再放松回来。第四个部位是腿部：首先伸直双腿，保持双腿的紧绷，保持3秒钟，再放松；然后将双脚的脚尖尽全力向上指，感受到双脚和小腿的肌肉的紧张，尽量保持住，然后放松。在逐步完成放松之后，停顿一下，让儿童感受一下放松的状态。最后睁开眼睛的时候，父母可以给儿童一点准备：“在我从5数到1的时候，就可以睁开眼睛了。”

以上是一个完整的肌肉放松的过程，第一次尝试练习的儿童花费时间会比较久，在20～30分钟。父母在指导儿童之前，也可以自己按照这个过程尝试一下。练习过程中几个需要放松的部位，有的儿童可能需要重复几次，有的儿童可能本身这个部位已经放松了，可以比较快地进行甚至跳过。父母在引导的时候，语言需要温柔、平静，声音小一些，这是引导过程而不是命令过程。在首次练习之后，也可以让儿童说一下感受，如果还有哪个部位依旧是紧张的，再将这个部位的紧张—放松过程重复一遍。练习一段时间，儿童可以学会放松，甚至可以在 2 ～ 3 分钟很快进入放松状态。当儿童在考试前出现紧张，也可以坐在教室里快速地舒缓情绪。肌肉放松的场所和顺序都不是固定的，儿童也可以在睡前躺在床上重复整个过程，不仅能够达到身心的放松，还有助于促进睡眠。

冥想放松。首先找到一个相对安静的地方，如卧室、书房、心理咨询室、一个人的客厅；其次播放一段轻柔的音乐，跟随音乐通过简单的肌肉放松过程放松下来。如果无法集中注意力，也不用担心，可以在内心重复单调的声音或想象见到的物体、形状，将注意力集中起来。冥想放松会有一段指导语，类似：“我现在静静地躺在沙滩上，周围没有其他的人，只有蓝天白云，湛蓝的大海，岸边是高大的椰树，身下是绵绵的细沙，我感到无比的舒畅……”或者“当你安静下来的时候，你会听到音乐的声音，请继续调整呼吸，深深地吸气，慢慢地呼气，在吸气的时候想象把大自然新鲜的空气、灿烂的阳光，把舒服的感觉、愉悦的心情，通过吸气带进体内，充满全身……”通常这段指导语可以通过网络途径查找到，并且有已经做好的录音。父母只要提前做好准备工作就好。这里需要注意的是，冥想放松中描绘的情景都是美好祥和的画面，但是有的儿童可能刚刚接收到相关的负面信息，或者与之相关联的不好的记忆，对森林或者大海比较排斥，这些事物不能使儿童放松，反而加剧儿童的糟糕体验。在选择冥想指导语之前，可以让儿童描述自己喜欢的、舒服的场景，以便于选择。

体验放松，合适的环境很重要，不论采取哪种放松方法，首先需要给儿童提供一个安静舒适的环境，这包括两种：客观环境的安全，比如，阳光充足，座椅柔软，进行期间不会有人打扰等；心理环境的安全，比如，父母、朋友、信任的人的陪伴，父母引导过程中不做评价等。躯体的放松可以实现身心的放松，而心理的放松也能够感受到一定程度的身心放松。心理感受的放松同样需要在一个有安全感的地方进行。儿童心理层面的安全感离不开成人养育者营造的氛围。儿童能够在成长环境中，通过与他人的互动，获取情感和物质上的支持，进而建立的一种关系网络，在心理学中称为社会支持系统。社会支持系统能够支持人们从遭受的痛苦和变故中恢复到常态。系统越完善，遭遇心理问题和困扰的可能性就越低。一个完备的社会支持系统包括亲人、朋友、同学、同事、邻里、教师、上下级、合作伙伴，以及由陌生人组成的各种社会服务机构。当儿童有了稳定的支持，就可以获得心理上的安全感和放松，从另一个角度达到放松的效果。

表情练习。人体的肌肉不仅分布在躯干四肢，还分布在脸上，每个表情都是面部肌肉协调的结果。根据情绪的生理学理论，情绪刺激事件引起了感觉器官的神经感应，传递至大脑的神经中枢，再由神经中枢传递出来，最终形成情绪感受和生理水平的变化。如果在没有情绪事件的情况下，主动改变儿童的感官感受，是不是也能够让儿童体验到一些特定的情绪呢？有一种观点认为，可以通过表情练习，完成一定程度的情绪调节。如果现在瞪起眼睛，紧咬牙关，皱紧眉头，是否感觉到有一股气堆积在胸口？如果舒展眉毛，将嘴角上扬，嘴巴微微张开，又有什么样的感受呢？前者是愤怒的表情，后者就是高兴的表情。如果常常练习那些正面情绪的表情，儿童就能够增强表情动作的控制，辅助儿童应对压力情景，进而达到缓解情绪的目的。例如，感到焦虑时，儿童可以把嘴巴大大地张开，做一些挤眉弄眼的动作，有意识地调节面部肌肉，或者用手轻搓面部，使面部肌肉放松，激发轻松的情绪感受，进而降低焦虑。在进行表情练习时，可以结合儿童情绪认知和表达的方法，让儿童观察镜子中自己的表情，以及他人的表情特点，然后总结自己开心、愉悦、幸福的表情，当然相应的肢体动作也可以添加进来。表情练习并不是让儿童学会表演，伪装掩饰情绪，这只是日常生活中情绪管理技能之一，父母要避免功利化的极端，适当地练习、总结即可。

纵使儿童没有觉察到身体内部各种神经系统的激活和运作，每个儿童的身体内部时刻都在发生巨大的变化。情绪的生理唤醒也是如此。情绪状态是动态起伏的，也是周期往复的，即使此刻儿童的情绪主观体验是平和的，在其身体内部依旧有自主神经系统的调节。情绪一直处于“动”的状态，儿童可以运用情绪的“动”，整合情绪管理和调节。

儿童的情绪管理不是只在情绪发生时才出现，在日常生活中不断积累情绪调节的方法，才能够有力量应对情绪困扰。如果儿童的心情一直平稳愉悦，小小的起伏和大大的意外引起的波动都将在可调控的范围内。父母在协助的过程中，需要注意的是，运动锻炼和放松训练只是方式，最终的目的是让儿童增加对身体机能的调控，每个儿童、每对亲子都会有适合自己的“动”的方式，尊重儿童的感受，尊重父母的界限，让情绪通过合理的、有趣的、潜移默化的、科学的方式“动”起来。

第七节　延迟满足与情绪调节

随着年龄的增长，儿童逐渐掌握了压抑需求和欲望的能力。观察儿童的行为，就会发现儿童不仅能够根据情景掩饰真实感受，还能够有意识地控制自己的情绪，暂时不要生气，或者要等到假期再庆祝。心理学家认为这与儿童的延迟满足能力有关。延迟满足是一种为了未来更大价值的目标而克制此刻的欲望不去满足的一种能力。例如，儿童想要尽情地玩游戏，但是明天要交的作业还没有完成，为了能够在没有负担的情景中轻松地、尽情地玩游戏，儿童选择先专心完成现在的作业，那么说明儿童具有一定的延迟满足能力，如果儿童做不到放下游戏，反而一边玩游戏一边写作业，或者一定要先玩游戏才能写作业，则表明儿童的延迟满足能力有待提高。延迟满足能力体现了儿童的一种自我控制。儿童的成长过程和学习过程都需要发挥自我控制，情绪调节也同样是一种自我控制。

1960 年开始，美国心理学家进行了一个关于延迟满足的经典实验：研究人员找来幼儿园里 3 ～ 5 岁的儿童，然后把每个儿童分别带到一个房间里。房间里只有一张桌子、一把椅子，桌子上盘子里摆放着儿童爱吃的棉花糖和饼干。研究人员告诉儿童，他们将离开一会儿，桌子上的零食儿童可以吃掉，但是如果他们能够在研究人员回来之前忍住不吃，研究人员会再送给儿童一份棉花糖和饼干。房间里有个按铃，要是儿童想吃掉，可以按铃，研究人员会马上回来，但是到时就没有奖励了。随后，研究人员离开房间。结果，孩子们表现出各种不同的反应，有的儿童没有等待也没有按铃，直接吃掉桌上的零食；有的儿童只是盯着桌上的零食，大约半分钟，就按铃叫回了研究人员；还有的儿童尝试了一些办法让自己等待下去，他们捂住自己的眼睛，转过身体，或者做出一些额外动作，如踢桌子、拉扯衣服和头发等，甚至会碰触零食，这些儿童显然很煎熬，3 分钟后，煎熬的儿童中有一部分按铃结束了自己的焦虑，也有的儿童小心地拿起零食，把上面的奶油舔掉，再放回原处，装作没有动过的样子，当然还有一些儿童坚持到了 15 分钟后研究人员回来，并得到了奖励。这些儿童在实验过程中展现的就是自己的延迟满足情况。可见，延迟满足的发展即使在同一个年龄阶段，也有很大的不同。

回想儿童的行为，他们天生使用的是即时满足的适应策略，新生儿从不会考虑忍耐和控制，随时发出需求不满的信号，延迟满足更像是后天学习的结果，是儿童的社会化适应。纽约大学的神经生物学家约瑟夫·勒杜克斯提出，大脑中有两个主管忍受和调节的结构，分别是杏仁核和海马。当儿童感觉到因为欲望被延迟满足导致的痛苦时，杏仁核就会发出信号，在瞬间做出反应，回避痛苦，满足愿望，但是杏仁核的这些反应是没有任何区分的，甚至是失去控制的，它不会区分当前的情景是否适合这样反应，或者压抑欲望后能够获得更多。而海马可以根据后果和情景阻止信息，进行一种理智的分析，调节呼吸和心跳，让儿童冷静下来，做出适合的反应。儿童的延迟满足情况就是杏仁核和海马共同运作的结果。杏仁核在儿童出生时已经发育成熟，所以新生儿都在即时满足。海马的功能则是在成人养育者的照料下逐渐在儿童的大脑中完善的，所以儿童的延迟满足能力是后天逐渐完善的。这也表明儿童的延迟满足是可以通过某些方法促进其发展和形成的。

心理学家给出一种方法——代币法。当儿童提出某种需求的时候，与他达成逐步实现的协议。比如，和儿童做一个约定：想要买这个玩具，需要用累计的行为奖励兑换。在日常生活中，儿童每次做到一件事情，如周测验排名不下滑、每天慢跑 30 分钟、帮助洗碗之类，父母就送给儿童一颗星星 / 小花作为奖励记录，当累计 5 次或者 10 次，就可以兑换多少价钱的玩具，或者可以兑换某个愿望。这个过程就是儿童的等待和延迟满足。刚开始，为了比较小的、不那么强烈的需求，儿童可以用较少的奖励记录兑换，比较大的、强烈的愿望可以用较多的奖励记录兑换。儿童逐渐体会到等待、满足、自我调节的过程。这种方法还有助于规范儿童部分不良的行为。在这个过程中，最重要的是父母设定的奖励标准一定是清晰、明确、统一的，而且父母与儿童之间彼此信任这个规则。儿童只有在对父母的行为充分信任的情况下，才会去遵守。

儿童是否愿意去等待，受到对环境信任和目标实现可能性的影响。如果父母对儿童说："你弹好这首曲子，就带你去公园。"可是怎样是"弹好"呢？这是一个过于模糊的标准。儿童弹了一遍没有失误的，父母说再来一遍；儿童弹了一遍很流畅，父母说再试试另一首曲子。结果就是儿童弹了一遍又一遍，最后耗尽了儿童的兴趣和耐心。终于儿童练习满了两个小时，父母说，外面天气太冷了，我们下次去。如此几次，儿童只会要求先去公园才能练琴了。这时儿童的延迟满足策略随着父母的行为发生了调整。他们不再信任父母的规则，只体会到延迟满足的痛苦。如果父母能够改成：你能够专心练琴两个小时，我们就去公园玩 1 个小时；或者你能够连续 3 次零失误地将这首曲子弹下来，我们去公园玩半个小时，情况或许会有不同。当然父母也要接受，儿童可能 10 分钟就完成连续 3 次零失误。这时父母需要记得练琴的目的，不是为了让儿童有两个小时的不要来烦你，而是为了技能的熟练。此外，父母设置的目标一定是可实现的，对于年龄越小的儿童任务目标越直观、时间上越临近越好。这也提醒家长，如果对儿童强调的目标是“等你长大你就可以怎么样”之类，并不会激起儿童的延迟满足的发展。

不过，仍需要注意的是，延迟满足的目标指向未来，在已经知道未来会有一个更有价值的、满足的目标的情况下，克制当前欲望，这个过程不是单纯地要求儿童等待、拒绝，也并非压抑儿童的欲望，或是直接让儿童去除当前的愿望。克制的过程是焦虑纠结的，如果没有那个目标，练习的不是儿童的自我控制，而是增加儿童的不良体验。很多成人养育者喜欢观察儿童的各种行为，也会在儿童成长过程中模仿各种实验，如假装迷路和给婴儿吃柠檬。也有家长模仿延迟满足的实验，告诉儿童桌子上的樱桃要等我回来才能吃，然后离开房间，观察儿童的行为，或者把游戏机摆在儿童面前，看他能够忍耐多久。不过这是一种错误的延迟满足理解，因为儿童没有“未来的更想得到的目标”。生活中大部分未来目标由家长设置，考上某所中学，获得某个奖项，然而这些目标足够正确却不一定有足够吸引力。延迟满足不是一种目标视线的途径，而是当即时满足的目标和可见的长远目标摆在面前时，如何控制自己为了长远的、更好的目标而努力。

延迟满足是儿童有意识的行为，并且会自己寻找一些方法实现。这个过程体现了儿童的自我控制，在情绪调节的过程中也发挥了重要作用。已有研究发现，改变认知的情绪调节策略，相较于压抑情绪的策略来说，延迟满足任务的成绩比较高。也就是说，当儿童面临需要延迟满足的情况，调整认知、理念，要比压抑对未来目标的渴求更有帮助。这也表明儿童的延迟满足会随着对目标的理解和信念而有所调整，这与儿童的成长、成熟有关。上述的棉花糖实验，研究人员进一步的研究发现，那些最终坚持下来的儿童的学业成绩要高于那些没有按铃而直接吃掉零食的儿童的。而且这些没有进行等待的儿童在生活中表现出的问题行为也比较多。儿童的情绪调控在儿童成长过程中不仅在情绪事件中发挥作用，还与儿童的很多成长技能相关联。每个成长技能的熟练和掌握，在某种程度上伴随着指向未来的意义。这些技能的本质，就是通过儿童提升自己对认知、行为、情绪的更多的掌控，在遇到困境的时候，能够很快地寻找到解决策略，缓解心理压力，调适自己恢复到正常水平。有勇气为了心中的理想，在合适的时间做合适的事情，应对未知的困难。儿童的情绪管理从来都不是可以单独剥离出来的。

第八节　情绪化学习与情感化学习

情绪和情感一直以来都相互交织在一起，它们都是人们对客观事物的态度。情感经常出现在学校教育纲要和家庭教育指导策略中。2011 年，我国教育部对基础教育的课程标准重新修订，提出学校课程教育的目标必须包含 3 个维度：知识与能力维度、过程与方法维度、情感态度与价值观维度。学校教育不仅要传授知识和能力，还需要结合教师教与学生学的方法，同时培养学生的兴趣以及对学习和未来的正确态度。如果能够观察现在教师的教案，会发现在每一堂课程中，教师在情感态度与价值观维度同样设立了教学目标。情感成为儿童成长的更高层级的心理活动。情感包含了影响学生学习过程和学习效果的相关因素，如学生的学习兴趣、行为动机、自信心、克服困难的意志、合作的精神、和谐健康的品格、爱国主义和国际视野等。不论父母和其他成人养育者是否已经有所预设，对儿童的教养以及情绪调节能力的关注、终极期待也基本如上所述，期待儿童形成完善的情感态度与价值观，形成完整的人格。

情绪和情感概念相同，为了更好地理解情绪和情感的区别与联系，心理学家进行了一些总结：情绪更多地反映了儿童的生理需要，是儿童与生俱来的一种反应和态度；而情感反映了儿童的社会需要，是儿童在交往过程中逐渐形成的。情绪相对更加外显，由情景诱发，并且具有一定的冲动性；而情感则比较稳定，更加深刻且是内隐的。从某种程度上来说，情绪是情感产生的基础，儿童的情绪体验不断丰富、积累，形成稳定的情绪感受，再形成情感。正如婴儿积累了对母亲的喜爱和积极情绪，逐渐形成对母亲的爱。当情感逐渐稳定，面对相关事物的时候，会激起相关的情绪。当儿童形成对母亲的爱，而被母亲忽视时，会引发儿童的妒忌和苦恼，当儿童被母亲亲近时，会引发儿童的欣喜。情绪和情感逐渐成为儿童面对每种事物时的两个侧面，有时儿童情绪的根本原因是情感，有时情感会影响情绪的外在表现。通常情感主要反映 3 种内容：道德感、理智感和美感。道德感依据的是一定的社会标准，是儿童在评判他人的观念、动机和行为的过程中的一种情感，它反映了儿童关于对错、原则和制度的态度。理智感是儿童在认知活动过程中表现出来的好奇心和求知欲。美感是儿童对自然的和非自然的现象产生的一种关于美的情感体验。这与一直以来所谓的“真、善、美”相对应。而儿童时期所有的情绪与情感的发展情况的最直观表现，就是其对学习的影响。父母面对儿童的成长问题时，不可避免地会想到，这会不会影响到孩子的学习呢？情绪和情感对儿童的学习确实有着一定的促进作用。

在情绪起伏状态下，成人依旧会受到影响，或冲动，或压抑。儿童在情绪状态中，其学习表现不尽相同。首先很多研究都发现，在不同的情绪状态下，儿童的学习结果和表现都不同。通常在正面情绪状态影响下，如愉悦、开心状态下的儿童的学习成绩有很明显的提高，并且更容易打破思维定式，有助于解决创造性的问题，展现出更大的认知灵活性。而在负面情绪状态影响下，如焦虑、恐惧、抑郁等，对儿童的学习会产生不良影响。这基本上与父母已经掌握的常识一致。但是具体的负面情绪对学习的影响又有很多差异，例如，较低和较高的焦虑都不会促进儿童的学习，只有中等强度的焦虑能够促使儿童认真地学习。在记忆方面，情绪唤醒状态下，不论是正面情绪还是负面情绪，都比没有情绪唤醒的情况下，记忆效果要好。诱发情绪能够提高儿童的记忆效果，在正面情绪下，儿童会采用内容联想的方式记忆；在负面情绪下，儿童采用具体内容的记忆方法。整体来说，一定的情绪激活状态有利于儿童的学习和知识运用，其中正面情绪带来的学习效果要高于负面情绪。因此，父母和学校会有意识地为儿童营造舒适愉悦的学习环境，随时诱发儿童的情绪，适当制造紧张感，激活某些情绪状态。有时父母常常抱怨辅导儿童作业过程的煎熬，越辅导，儿童错得越多，自己也越来越无力。这其中或许是父母的种种焦急烦躁的表情和语气，诱发了儿童的恐惧、自责、焦虑，进而影响到儿童的判断、信息加工、知识回忆，导致越写越不会。父母不妨深呼吸，进行一下放松训练，转换语气和氛围，尝试诱发儿童的正面情绪。适时地对儿童努力的肯定、毫不吝啬的称赞夸奖、一些惊喜的小礼物，以及对儿童取得的任何成绩的认可，都可以在某种程度上激发儿童的正面情绪，也能够激发和保持儿童对学习的成就感与自信心。有时父母担心过多的夸奖会令儿童骄傲，心理学家的建议是，如果之前一贯的挫折打击并没有发挥好的效果，不妨转变一下思路，毕竟儿童的情绪诱发的感受性是有着个体差异的，况且当逐步累积的消极情绪转化为消极情感时，将更加难以调整。儿童的学习任务和作业通常都是枯燥的，儿童在学习中感受到的挫折也会越来越多。能够引起儿童愉悦的物品或愿望成本也会越来越高。如果儿童尚未形成对学习的内在积极动机，父母需要使用外部事物保持儿童的学习行为，需要注意的是，诱发儿童的情绪不是单纯地满足儿童的欲望。赋予意义、认知层面的理解，以及营造舒适的环境是比较适合的诱发儿童正面情绪的方法。或者可以参照第七节的内容，诱发延迟满足的行为发生。

当儿童在所诱发的情绪下学习，可以认为是一种情绪化的学习。情绪化的学习策略可以解决儿童即时的学习任务。当儿童无法顺利地背诵一篇诗词或者解不开一道数学题的时候，家长可以协助儿童，播放一段音乐或者视频，适当地诱发情绪或者制造紧张氛围。但是儿童的学习并不是一次性的任务，而是一件长久的事情。父母和成人养育者需要帮助儿童建立关于学习的、更稳定的态度，将正面积极的情绪体验保持住，实现一种情感化的学习。情感化的学习是一种通过有明显情绪倾向的材料实现儿童建立指向学习的一种情感化的设计。研究发现，外部诱惑下的正面情绪只能提高部分学习成绩，并且成绩还会受到学习动机和心理努力的影响，而情感化的设计引起的正面情绪提高的成绩内容更多，而且不受其他因素影响。因此，如果父母能够从更深层次诱发儿童对学习和知识内容的正面情绪，那么对儿童的学习促进是更直接、更持久的。

行为心理学家发现，环境中一个中性的物品，原本不会诱发儿童的情绪反应，如一张星星贴纸、一只体形比较大的狗，但如果把这个物品与能够唤起情绪反应的刺激，比如，表现好就可以得到一张星星贴纸，关于狗伤人、攻击人的消息，进行一定次数的匹配之后，这些中性物品也能够引发某种情感反应。这个过程就是情感化学习，也叫作评价性学习。情感化学习是把生活中的物品赋予情感意义的过程。这与在某种情绪状态下学习不同，它不局限于知识学习本身，表现了儿童与环境建立联系的过程。有时儿童对某些物品表示出无法解释的喜爱或厌恶，对某些行为有着莫名的热衷和排斥，这都与情感化学习有关。情感化学习通常在无意识的情况下发生。红红不喜欢练琴，但是妈妈每周都会送她去上钢琴课。红红发脾气、闹别扭都被妈妈化解了。没办法，红红不得不每周压抑着情绪去弹琴。红红练琴的时候，钢琴旁边摆着一盆多肉，每次练琴时这盆多肉都会时不时地出现在她的视野中。红红每次都是算着练琴时间，尽量躲避。一年的钢琴课结束了，这天妈妈买了一盆多肉摆在家里，红红莫名地厌恶这盆多肉，总要把它推到别的花盆后边。家里人都说这盆多肉可爱，红红却特别不喜欢。此时的红红已经通过情感化学习的过程，把对钢琴课的排斥连接到了这盆多肉上。长此以往，也许有一天红红会把累积的负面情绪也宣泄在这盆多肉上。不仅是儿童，很多家长也有着莫名喜欢或莫名厌恶的中性物品，仔细回想，或许可以找到这个物体曾经关联的情绪情景。每个人的行为特点都或多或少地展现了曾经的经历。

在儿童学习过程中，父母也可以通过情感化学习的原理，将中性物品赋予某种情感意义，当儿童在使用的时候，感受到其连接的正面情绪。例如，儿童学习桌上的笔筒是全家一起在游乐场赢得的纪念品，上面还有一家人当时的合影，每次儿童看到都会想起当时的兴奋。或者把对儿童来说有纪念意义的物品摆放在学习空间里。有的父母可能会有反对的想法：把这些东西放在学习桌上，孩子会更加被分心了，一会儿摸摸一会儿看看，多耽误时间。儿童将注意力放在这些物品上面，正说明此时触发了儿童的某种情绪。父母可以说：我也觉得那天很开心，让它陪着你一起读书、写作业，你也很开心吧；等你写完作业，我们一起看看当时的照片。如果父母阻止，说你就知道玩，赶紧写作业，儿童可能会将写作业与“妨碍喜欢的回忆”建立起连接，更加拖延，甚至破坏延迟满足。当然，对儿童有意义的物品，一定是从儿童的感受来说的。可能一次小区的亲子运动会奖状要比数学竞赛第二名更让儿童喜欢，因为亲子运动会那天儿童认识了新朋友，玩得特别尽兴，而数学竞赛的时候自己出现了失误错过了第一名。儿童学习空间的布置都是父母进行的，当儿童排斥在这里学习，或者偏偏喜欢在家中的某个地方学习时，父母可以对比两个空间中与儿童情绪有关的物品和摆设，就会发现这其中的秘密了。

情绪化学习和情感化学习是与儿童的学习策略相结合的情绪调节策略。情绪与日常生活事件相关，情绪调节的方式也并不都直接指向情绪本身。与此同时，情绪不仅影响着儿童的学习过程和学习结果，儿童的学习过程和学习结果也会诱发儿童的情绪感受，这就是所谓的学业情绪。通常学业情绪都是一种不愉快的体验。研究发现，学业情绪是在教学和学习过程中，与学业相关的情绪体验。随着儿童年龄的增长、年级的增加，体验到的消极情绪多于积极情绪。女生体验到的学业消极情绪多于男生。此刻，身为父母或其他成人养育者，不知会有何种感受？是能够参照前述的策略帮助学生，还是会感叹情绪为何如此无孔不入？学业情绪调节和儿童的情绪调节之间是有差异的还是相通的呢？学业情绪的诱发事件比较具体，围绕的都是学习活动。但情绪感受的主体，其实都是同一个儿童。儿童阶段的主要生活任务有两个：学习和人际交往。儿童的情绪诱发事件也离不开这两个主题。所以儿童所掌握的情绪调节方法和情绪管理方面所做的准备足以应对。不过，至于儿童情绪的诱发事件，如果这个事件是可以改变的，例如，某篇文章背错了被批评，或者考试成绩下降，那么在情绪缓解之后，可以帮助儿童寻找改变的方法；如果这个事件是不能改变的，例如，好朋友转学离开了，六一文艺演出节目被取消了，那么还是要关注儿童当下的感受。总之，情绪在儿童的各个生活环节中都会发生，都会产生效应，要相信儿童可以充分利用自己的情绪调节策略。

关于情绪调节和情绪管理的策略，本章从发展角度、感受角度和行为角度给出了不同的可参照的方法。其实情绪调节关注的就是儿童情绪的要素、情绪情景的调整、主观感受的重新评定、生理唤醒活性的控制，以及合理的情绪表达。那么哪种方法对儿童最有帮助呢？哪种方法会对父母和其他成人养育者最有启发呢？情绪调节的唯一的衡量标准是儿童情绪的纾解。有时儿童可能需要大吃一顿，有时忍住眼泪也未尝不可。儿童的情绪调节学习是儿童与情绪相处的过程，父母的指导在教养儿童的同时也在调整自己。儿童处于成长的阶段，父母也在成长中，面对情绪，父母有时和儿童处于同样的起点，需要逐渐区分、认知情绪，需要学会避免情绪化的表达，学会调整关于情绪的理念。给予儿童成长的空间，也是在为父母释放更多的空间。不论情绪的哪一个方面都对儿童的身心成长发挥重要的作用，但是情绪的哪一个方面都不是单独对儿童发挥作用，其中还涉及儿童的思维发展、人际交往、自控能力、社会支持系统等。情绪对儿童的学习有着重要影响，但并非唯一影响因素。尽管在某种情绪状态下，儿童会表现出某些行为特点，但是某个时间点儿童展现的行为特点并不能只归因于某一个原因。每一种心理和教育理论面向的是整个儿童群体，当面对具体的一个个体时，须谨记情绪调节的目标指向的是儿童的未来，而不是当下某个具体的事件。

第四章

儿童的基本情绪

第一节　快乐——笑起来的秘诀

快乐是所有情绪类别中最常提及也最容易被忽视的一种，每天人们都期待自己的情绪是开心、快乐的，然而快乐与开心也是儿童在掩饰真实感受时，最常使用的表面情绪。父母认为儿童快乐就可以了，但是儿童是否真的是快乐的，还需要父母的判断。在目前的研究中还没有明确地发现诱发快乐情绪的固定方法。快乐是情绪调节的理想方向，让儿童一直玩耍，满足儿童的所有需要，儿童是快乐的，但是父母和其他成人养育者的教养过程却是在克制儿童的快乐，鼓励儿童做到延迟满足。情绪调节之后到底是父母的快乐，还是儿童的快乐呢？这其中与儿童的快乐有关的平衡、保持、合理运用、调控与获得，都是值得思考的。

喜、怒、哀、惧是 4 种基本情绪，其中喜的意思就是快乐、开心、愉悦、兴奋、狂喜，是当期待、需要与目标达成后的一种体验，有时也被统称为正面情绪。表明儿童的身心正处于最佳状态。正面情绪能扩大儿童的注意范围，增强认知灵活性，促进儿童的思维能力，不仅能够提高儿童学习，还能够增进人际信任，对儿童的成长有很多的益处。婴儿出生后 1 ～ 2 天就会有微笑反应，随着生理需要的满足，随着与父母之间的交流增多，儿童逐渐展现出比较多的快乐和愉悦的情绪。在儿童掌握语言之前，父母根据儿童的愉悦情绪判定自己的照料程度。在很长一段时间的养育过程中，父母都是按照婴儿阶段的照料经验，将满足儿童的生理需要视作自己的养育目标：“都吃饱了，怎么还哭？”“我给你穿最好的衣服，住最好的房子，你怎么就不能把精力用在学习上？”甚至在儿童进入青春期，长大成人时，依旧将儿童的生理需要的满足放在首位：“我家孩子必须住最好的宿舍！”然而，心理学家马斯洛认为人的需要是有层级的，第一个层级是生理需要，包括呼吸、食物、水、睡眠、生理平衡等保障生存所必需的内容；第二个层级是安全的需要，包括人身安全、健康保障、避免痛苦和疾病等；第三个层级是人际交往的需要，也是爱与归属的需要，包括对友情、爱情、团队归属的追求；第四个层级是尊重的需要，即自尊、信任、被他人尊重和尊重他人；第五个层级是自我实现的需要，也是追求理想、实现个人价值的需要。这 5 个层级的需要依次从低到高排列，是依次出现，只有满足前一个层级的需要，人们才会产生下一个层级的需要。随着儿童的成长，在生理需要被满足之后，儿童还渴望安全的环境、需要在人际交往中获得友谊和归属、需要获得尊重，以及自我价值的实现。如果某个层级的需要没有被满足，后一个层级的需要也不会出现。此时的儿童会陷入需要未被满足的痛苦，无法感受到快乐和愉悦。如果父母发现自己明明为孩子已经提供了很好的生活条件，但是儿童依旧表现出较多痛苦和挣扎，可以对比一下，是否儿童某个层级的需要被限制住了。

然而，5 个层级的需要通常是无意识的，即使是成人也很少能够直接表达，父母有时也难以觉察。例如，有的儿童特别喜欢比较，“我的衣服一定要比班级里所有的同学都贵”，“他们都去这里吃过儿童套餐，我也要去”。儿童的表现看上去和食物、衣服这些生理需要有关，但是，生理需要是生存必需的部分。这些儿童并不是失去儿童套餐和昂贵的衣服就无法生存。此时，如果父母能够和儿童耐心平静地对话，就会发现儿童真实的需要。

“我就是要什么都比大家好，不然多没面子，不然他们都会小看我。”——尊重的需要。作为父母，此时的你会如何回应？立即指出儿童的错误：“你怎么能这么想呢！你就不能拿学习跟人家比？这些衣服呀、吃的呀，都不重要，学习才重要。你要是学习比他们都好，不论你穿什么吃什么，谁都不会小看你！”还是慢慢引导：“你看，衣服那么贵，而且也不能穿一辈子，只有知识是可以跟着你一辈子的，衣服可不能给你面子，读书才能。”还是会暂时满足儿童的要求：“好，明天我就带你去！明天我给你买！但是给你买了之后，你这次期末考试必须得前 10 名。”3 种回应虽然是 3 种态度，但都没有给儿童太多空间。其实儿童在渴望获得尊重的时候出现了不合理的信念，也可以试试由儿童自己发现其中的矛盾：“你是怎么发现这个规律的？你现在做到什么都比大家好了吗？既然没有做到，大家现在是怎么看你的呢？在班级里有没有并不是所有方面都比大家好，但是依然被大家喜欢和尊重的同学呢？那些被大家喜欢的人，有什么特点和共同点？”

“我没有去过，他们聊天都不带上我。”——爱与归属的需要。此时，父母先不必着急做出结论和回应，可以先问问儿童目前的人际交往情况怎样，是经常“不被带上”吗？他有什么样的感受？寻找和大家相处的方法，以及如何正确看待这种情况。

其实，父母很清楚儿童的喜好，他们喜欢的事物、喜欢的游戏、喜欢的地方、喜欢的人、喜欢做的事情……也最懂得如何运用不同的喜好引发儿童不同程度的愉悦。尤其是从幼儿阶段开始，父母就在积累这些经验。然而，愉悦的事件和刺激，却很难找到一个共同的特征。在研究人员的研究过程中，通过文字、图片和视频资料引发儿童的情绪，那些让人气愤的事件、悲伤的故事、恐怖的图片，基本上可以找到共同的特点，但是引发儿童快乐的刺激却是不同的，得到夸奖和称赞是一种愉悦，但是如果儿童认为这些称赞是虚假的，反而不会感受到愉悦；看到舒服宜人的风景，会让儿童放松，但是就如冥想训练的过程，如果儿童有特别的经历，如刚好经历过一次在公园的树林里与父母走散、看到过关于大海灾难的报道等，可能对呈现的图片就不会有放松愉悦的感觉；观看一些滑稽有趣的漫画或表情，可以引发儿童的大笑，但是如果这些图画儿童曾经看到过，或者其中的情景与儿童某些不好的记忆有关，儿童可能只会尴尬地笑一笑。如此，似乎在面对很多儿童的时候，难以做到让大家都快乐。这让教师在面对全班儿童的时候，父母在面对两个以上的子女的时候，成人养育者在面对多个儿童的时候都感到为难。看到此处，很多父母可能会舒一口气，毕竟大多数的父母现在只养育一个孩子。有时候父母想着，我只要能让我的孩子开心就好了。然而儿童的共情能力也是与生俱来的，他们能够感受到其他儿童的消极情绪，也会主动提供缓解情绪的办法。当儿童只关注自己的情绪，可能会出现令父母更加担忧的自私的行为。而当儿童过于沉浸于他人的悲伤，也可能会导致不合理的信念，让自己也陷入不良情绪。因此，作为父母或者成人养育者，情绪调节或许是让儿童体验良好情绪的通用且有效的方法之一。

尽管诱发儿童的积极情绪是成人养育者的难题，但是情绪是与儿童一体的，另一个诱发儿童积极情绪体验的角度，就是让儿童自己寻找。儿童并不是父母的附属品，而是独立的个体，儿童的情绪也是一样，与其费尽心力观察和总结儿童的快乐因素，不如给予儿童一个安全信任的空间，让儿童能够自己探索，敢于对自己喜欢的事物表露真实的感受，敢于对自己不愿意的事物表达拒绝。儿童的快乐其实就是选择了恰当的活动，拒绝了不恰当的活动。成人养育者作为支持的力量，随时为儿童的情绪管理提供帮助。有时父母难以放手，担心给予儿童自由后，他们就失去了约束，只会追求无尽的快乐，导致贪玩、放肆、享乐……若是从情绪的角度来说，儿童的确在体验愉悦的情绪；若是从行为的角度来说，儿童则可能长时间游戏忘记了作业，沉浸在自己的情绪中而不分场合地喧闹。此时的儿童，情绪是没错的，但是出现了不恰当的行为。教养指导的目标是不良行为，而非情绪。成人养育者担忧的是儿童的行为，也非情绪。那么，可以采取一些具体的方法，如合理的时间规划、延迟满足的练习以及我信息传达法，让儿童明白自己的行为对他人产生的困扰，共同商榷可以调整的部分。儿童的情绪与儿童的认知、行为相互交织，成人养育者采取整体的认知角度，更有利于寻找与儿童沟通的合适的方法。

6 岁开始，儿童能够区分真实情绪和表面情绪，并且能够根据情绪表达规则逐渐地隐藏其真实的感受。这其实是儿童的情绪能力发展的表现，但是父母有时并不这么乐观，如果儿童一直压抑隐藏真实的感受，是不是会出现问题呢？有没有什么方法能够准确识别儿童的快乐情绪，辨别儿童快乐的真假呢？情绪的外在行为是表情和动作，微表情领域提出可以通过一些信息分辨快乐是真实的还是礼貌性的。当人们发自内心感到非常快乐，展现出笑容时，脸颊鼓起，眼角有皱纹，眼睛周围肌肉运动，嘴角上扬。如果儿童感受到的愉悦足够强烈，儿童就会做出这样的表情。礼貌性的笑容不会有眼部肌肉的变化，但是如果是强度不那么激烈的愉悦，儿童的表情也可能不会与前文描述完全对应。这些特点只能表明儿童出现这种笑容的时候是真正的开心，但是不能反证。由于个性不同，儿童表达情绪的程度也有差异。

其实，不仅儿童会使用表面情绪，成人也经常使用表面情绪。儿童使用的情绪表达规则和成人是一样的：礼貌和不想让你担心。成人有很多理由掩饰自己的情绪，尤其在儿童面前，更擅长表现出：这不用担心，妈妈都可以搞定；没关系的，爸爸都是为了你好。父母的元情绪、父母处理自己情绪的方式也是儿童学习情绪管理的方式之一。如果父母常常隐藏其真实的感受，只用轻松的、开心的表面情绪展现在儿童面前，儿童也会觉察，毕竟，儿童的情绪理解能力在小学阶段已经达到成人水平。与其父母和儿童之间相互试探，陷入“为了你好”的误区，倒不如相互坦诚，这也是一种沟通的策略。儿童虽然知识和生活经验有限，但是情绪方面却是早已发展，父母与儿童、儿童的情绪、自己的情绪坦诚地相处，将会发现新的乐趣。

让儿童一直体验积极的情绪并不是完美的成长过程，那些负面情绪虽然主观感受上并不舒服，但是对儿童的成长有着积极意义。已有研究人员发现，负面情绪下，记忆成绩比中性情绪的记忆成绩要好，而且在负面情绪下，人们有更强的说服力，对事件的归因更准确，在一个关于分配带有现金奖励的试卷的实验中，负面情绪状态下分配更公平。尽管这些研究不能简单粗暴地得出负面情绪的直接作用，但是却可以表明负面情绪同样具有适应意义，能够有利于儿童的某些行为。一味地追求消灭儿童的负面情绪是不可取的，永远成长在顺境中的儿童也是难以保障心理健康的。毕竟在真实的成长过程中，挫折、困难、阻碍无处不在，没有哪个父母能够真的保障儿童永远不经历负面情绪。关于负面情绪的积极意义和多面性，在接下来的章节中会继续分享。那么如何平衡儿童的积极情绪和负面情绪，如何保障儿童是快乐的，同时又是经历过挫折的？其实答案并不复杂，不论经历哪种情绪，不论何种规划，最终的目的都是儿童的顺利成长。这不是儿童角度的完全享乐，也不是父母角度的合理的快乐。积极情绪对儿童成长的意义，可以从儿童的社会适应和社会功能发展的角度出发：只要儿童能够表现出良好的环境适应能力和积极行为就好。换而言之，儿童不断积累积极情绪和学习情绪管理，是为了树立面对生活的积极态度，在人格中形成乐观的品质。不论儿童经历什么样的挫折与困境，儿童有勇气面对，并充满希望和乐观，这才是真正的快乐。

乐观具有重要意义，乐观的儿童在生活中占有比较大的优势。乐观的儿童相信总会有好的事情发生在自己身上，自己总会找出解决问题的方法。通常这时父母会说，不要盲目乐观，过于自信就是自大，反而会出错。高估自己可能是乐观的人会犯的错误，过于高估自己的儿童确实会陷入麻烦，但是乐观的态度不会让这些儿童一蹶不振，他们会拍拍自己说原来事情是这样，看来我稍微调整一下就好了，然后依旧积极地投入其中。若是父母一直在提出质疑和担忧，或许可以思考一下是否自己陷入了悲观。有研究人员证明乐观是可以习得的，也就是可以不断地积累的，当儿童遇到困境，周围的人提供了信任和解决问题的方法，儿童逐渐会形成所有的问题都可以解决的想法，并运用这个想法指导自己的行为。获得乐观的另一种方法是足够多的知识并相信知识的力量，挫折不可预估，自己和他人的力量有限，但是知识无限，我的知识不足以解决，不代表所有的知识都不能发挥作用，只是我还没有发现。

快乐、开心、愉悦……这些积极情绪对儿童和成人都有着重要意义，保持心情愉悦却因人而异。如何让自己开怀，如何让他人大笑，也可以尝试一下幽默的技能。幽默是一种智慧、一种技巧、一种特质，有时可能是一个笑话、一个鬼脸、一次急中生智、一次插科打诨。他人的幽默让我们发笑，忘却烦恼，自己的幽默让对方获得好感，化解矛盾。有时忽略生活中的种种情绪事件，放开对这些事件的解读，也可以感觉到一种快乐。有意思的小笑话、滑稽的演出、搞笑的故事，当父母在对儿童一筹莫展的时候，不妨尝试使用一下幽默的技能。

第二节　愤怒——我拥有火山的开关

儿童的愤怒在婴儿时期就已经发生，3个月大时，持续的生理不适会诱发婴儿的愤怒，7个月大时，限制住婴儿的胳膊使他们不能动，婴儿会露出愤怒的表情。愤怒是一种主观感受上比较痛苦的负面情绪，与冲突、被冒犯、被攻击、被威胁、被阻止有关。通常来说，当儿童认为有权利去做的事情被阻止，拥有的物品被破坏，目前的行为被打断不能继续完成目标，感觉到不公平，或把当前的失误归咎于他人时，都会引起愤怒的情绪。人们普遍认为愤怒是一种带来不良后果的情绪，因为愤怒情绪下常常会发生攻击性行为，这些行为的后果往往是糟糕的。社会规则告诉每个儿童，这些糟糕的攻击性行为不仅会伤害他人也会伤害自己。但是从情绪的主体出发，愤怒却是一种自我保护，通过比较激烈的方式向他人传递，这是一件难以忍受的事情，从而阻止这些事情的发生。研究人员在研究愤怒情绪时发现，在通过各种不公平的情景、视频、文字引发愤怒情绪的同时，人们还会产生委屈、悲伤、尴尬、恐惧的情绪，没有一种方法可以只单独引起愤怒一种情绪。在日常生活中，儿童愤怒时，也常常伴有委屈、不甘、难过的感受。愤怒情绪传递了儿童内心的渴望，父母在处理儿童的愤怒时，不能忽略其背后的含义。

父母对儿童的愤怒情绪并没有太多的处理困扰，甚至父母在儿童第一次进入幼儿园这个集体时，是鼓励儿童通过表达愤怒而避免伤害行为或伤害事件的。父母对儿童愤怒情绪棘手的部分是儿童在愤怒状态下的大发脾气以及攻击性行为。然而，并不是所有的愤怒都会引发攻击性行为。只有强烈的愤怒会引发攻击性的外在行为，而且这些攻击在大部分情况下属于冲动性的攻击性行为。儿童在愤怒状态下的攻击性行为和情绪调节能力有关，情绪调节能力越弱，越容易产生攻击性行为。儿童的攻击性行为不是只有男生才有，3 ～ 6 岁和 10 ～ 11 岁是儿童攻击性行为出现较多的两个时期，通常男生的攻击性行为中暴力性的、直接性的较多，女生的攻击性行为中语言攻击和间接性的攻击较多。儿童攻击性行为有两种指向，一种是与愤怒有关的宣泄，通过自己的力量阻止来犯者，自我防御；一种是与愤怒无关的主动攻击，通过暴力与攻击显示自己的力量或达到某种目的。那些无意的肢体碰触并不属于攻击性行为，但有时反而是引发儿童愤怒情绪的引线。儿童的情绪调节机制还在不断完善中，儿童阶段的情绪是容易起伏的，儿童在愤怒时还做不到预估行为的后果，很多情况下需要由成人养育者进行引导。

在愤怒情绪下的攻击其实是儿童宣泄情绪的一种方法，通常的表现是怒吼、摔东西、推搡、辱骂等。既有言语上的，也有行为上的。这些宣泄的方法从社会化的角度出发，会造成损失和伤害，从情绪管理的角度出发，并非完全不可取。一个功能完整的心理咨询室，会配备情绪宣泄室，情绪宣泄室中有很多用于宣泄的硅胶宣泄人偶、充气锤、PU 材质的宣泄球和宣泄墙、拳击手套、沙包、玩偶等物品，不论成人和儿童都可以在这个房间里尽情地宣泄情绪，房间里铺着地板、挂着窗帘，墙面由海绵包裹，隔音、隐蔽、安全。经过咨询师引导的宣泄能够释放消极能量，达到心理状态的平衡和疗愈的目标。但是在日常生活中，我们很难为儿童提供安全的宣泄环境。因此，当儿童的愤怒没有强烈到引发攻击性行为时，我们可以暂时转移儿童的注意力，或者关注分析愤怒的原因，寻找问题解决办法。当儿童的愤怒需要一个出口的时候，父母可以提供安全的宣泄方法。例如，需要力量参与的、规则简单的一对一的球类运动，如网球、乒乓球、羽毛球等，或者击打类的乐器、放松训练等。愤怒之下的攻击有时受制于力量有限，有的儿童会选择间接暴力的方式，他们没有明显的言语动作，反而通过沉默、漠视、拒绝交流的方式实施暴力，甚至他们还会散播谣言，哄骗其他有能力的人去进行攻击和伤害。有的儿童和同桌发生矛盾，每天故意忽视他的存在，当班级有通知需要转达的时候故意不告诉他，还趁着同桌不在的时候把他的文具扔在地上。面对这种情况，父母和教师需要让儿童明白这些行为对问题解决没有任何帮助，如果儿童有很多气愤的感受，可以尝试将所有的不满、怨恨甚至做的最不好的事情都写在纸上，或者寻找一个盒子作为“倾听树洞”，都说给树洞听。让儿童将这些情绪宣泄出去，感受那种释放后的感觉，然后再回到情绪调节和问题解决中来。

儿童还有一种攻击性行为是非情绪性的，他们抢夺别人的物品，嘲笑、欺负弱小的同学，故意给别人起难听的绰号，联合很多同学一起排挤某个同学。国内关于校园暴力研究的学者认为这些儿童可能在家庭教育中被忽视，缺乏正确的人际交往技巧和树立了“强者生存”的不合理的价值理念。国外的研究人员发现，儿童的这些暴力性的伤害行为不是突然产生的， 而是从小就使用这样的行为方式，11 岁男生的欺负行为取决于他在 3 岁时有多强壮，而不是他在 11 岁时有多强壮。对于儿童这种主动性的攻击性行为，成人养育者要通过严格的监督和强调规则的方式，让儿童意识到这些伤害性行为是错误的,并且任何人都要为此承担责任。他们需要道歉，弥补造成的伤害，学会恰当的沟通和人际交往方法。有时成人养育者会认为儿童还小，不懂得道理，长大了自然就懂了，反正没有严重的结果，也就不了了之。但是规则和对错，只有有和无，并没有程度的高或低。尤其低年龄的儿童，道德判断依赖成人，如果父母态度模糊，没有传递明确的对与错的概念，那么儿童的认知体系中只有“我是对的，规则不重要”的观念，甚至这种观念会影响到他们成人后。有研究发现，因殴打犯罪的青少年在儿童期就已经开始有攻击性行为。儿童产生攻击性行为的原因有很多，有生理上的遗传原因，心理发展和认知归因方面的原因，以及家庭教养氛围的原因。还有一种观点认为影片中的暴力画面和暴力性的游戏会导致儿童的攻击性行为，但是目前还没有明确的研究结论。尽管有研究人员发现看更多暴力节目的儿童中，有攻击性行为的儿童比较多，但是到底是暴力节目增加了儿童的攻击性行为，还是因为儿童本身具有攻击性而选择看更多的暴力节目呢？当给儿童观看了一段包含暴力内容的视频片段后，让儿童进行一场运动比赛，研究人员发现，看过视频的儿童比没有看过视频的儿童表现出更多的攻击性行为和违规性行为。还有研究人员发现，在玩了一款高暴力性的游戏之后，大部分的儿童愤怒值增加，但是原本具有攻击性行为的儿童的愤怒值却降低了。综合所有因素可以发现，遗传和生理特点使某些儿童更可能出现攻击性行为，但是最终行为的出现与否还受到父母情绪调节方式的引导、学习生活环境和媒体宣传等的综合影响。暴力攻击性行为每个儿童都可能不会出现，也都可能会出现。父母和成人养育者不必纠结于如何阻止，恰当的引导才是更重要的。

儿童不仅是攻击性行为的发出者，还有可能成为攻击性行为的对象。父母最担心听到自己的孩子有一天从学校回来说，××打我/骂我/欺负我。很多父母的回应是：对方怎么对你你就怎么对他们，要勇敢，不能做懦夫！然而儿童对行为结果是不能预估的，这样可能会对儿童造成更大的伤害。首先，父母要和儿童确认细节，这是什么时候的事情，当时在哪里，具体发生了什么事情。有时儿童无法准确对行为做具体的区分，儿童对行为动机的理解还处于发展阶段。大部分情况下，父母会发现儿童误解了某些行为后，甚至误解了故意和无意。其次，当证实了这些攻击性行为后，告诉儿童，不论那些攻击性行为是什么，他永远都是父母最爱的孩子，他没有错，错的是对方。最后，及时通过各种途径阻止儿童遭受攻击性行为。

愤怒的外在行为比较激烈，带给父母更多直观的冲击。为了缓解儿童的激烈情绪，父母常常会妥协，采取满足儿童要求的方式。父母在处理儿童的愤怒情绪时，首先要保持理智，儿童的反应是因为感受到强烈的情绪刺激而产生的正常反应。其次区分儿童此时的愤怒的真实原因。

第一种可能原因，儿童的种种行为是为了表达自己的愤怒情绪和感受，传递出自己的权益而受到了侵犯。例如，有两个儿童在一起玩耍，若是发生争执，有儿童在愤怒生气，父母通常都会在处理的时候对大一点儿的孩子补充这样一句："你是哥哥/姐姐，得大度一点儿，要分享，妹妹/弟弟还不懂事，你不能不懂事呀，你要谦让，这才是好孩子。"或者是对自己的孩子说："人家是客人，这个玩具他只是玩一会儿，你得有礼貌，不然大家都不喜欢你了，阿姨再也不来串门了。"如果这时这个大一点儿的孩子或者你的孩子并不接受，反而皱起眉头，一副气鼓鼓的样子，甚至争辩起来大喊："不行，就不可以！"这时的成人养育者需要提醒自己，是不是在没有了解的情况下，做了一厢情愿的理解和处理，让儿童感觉到了不公平和被忽视。争执的原因，可能是对玩具的各不相让，也可能是不小心的肢体碰撞，也可能是两个儿童对规则无法达成一致……父母可以根据当时儿童的愤怒值进行一次判断，如果愤怒值较低，没有伤害性的攻击性行为发生，父母可以试着和儿童确认："我发现你们在用一种很不友好的方式游戏，你们之间是不是出现了问题？需要我来帮助你们吗？如果你们想要自己解决，需要记得，平和和冷静才能找到解决的办法。"如果愤怒值较高，已经出现伤害性的攻击性行为，父母一定要首先阻止，明确这是一种错误行为："我看到你们正在推搡，这是很不礼貌的错误行为，我知道你们这是一时的冲动，因为遇到了你们无法很快解决的难题。谁能告诉我是怎么回事，看看我能不能帮你们找到办法。"儿童的真实想法与感受只有儿童自己最清楚，就算父母一直在旁观，也不能随意进行推断，因为父母终究是成人的思维模式，而儿童的想法具有自己年龄阶段的特点。

面对情绪，成人养育者首先肯定情绪是正常的；其次分析儿童行为的不恰当；最后找到解决办法。奇奇今年6岁，周末时，他在客厅里把自己所有的玩具摆满了一地，妈妈坐在旁边处理自己的事情。奇奇站起来时，不小心踩在了一个棱角比较突出的玩具零件上，奇奇疼得一下子坐在地上，抓起脚下的零件就扔了出去，并生气地大哭起来。被扔出去的玩具零件打在电视上，发出很大的声响。妈妈看到这个情况，首先来到奇奇身边，安慰他："奇奇很痛，是不是？"奇奇哭着点头，妈妈让奇奇把脚抬起来检查了一下，并没有出现伤口。然后妈妈等待了一会儿，等奇奇的情绪稍微缓和之后，才问："是什么伤到了奇奇？让我去看看。"然后妈妈捡起那个玩具零件。奇奇认出这是自己某个玩具的。妈妈又说："这个棱角太突出了，谁踩上去都会疼的。所以我们得把它好好地放在安全的地方，不然扔出去了，又不知道去了哪里，一会儿奇奇还会踩上去，我也会踩到，爸爸回来了也会踩到，对不对？"奇奇点点头，他此时已经不再流泪和大哭了，还说："把它放在一个小盒子里。"妈妈放好零件，坐回奇奇身边继续说："奇奇的玩具太多了，不好好整理就会出现这样的危险，是不是？那妈妈给你找一个箱子，咱们把玩具都放在箱子里，就不会再有哪个零件伤到奇奇了，对不对？"奇奇点点头，然后和妈妈一起把玩具都放进了箱子里。这个故事里，奇奇乱扔东西的行为并不合适，但是儿童对痛苦的反应是很直接的，突然的疼痛让奇奇做出扔东西的行为，所以妈妈先是回应了奇奇的感受，再进行行为的引导。

第二种可能原因，儿童展现出的愤怒是目的性大于感受性的。父母常常遇到的一种情况是，儿童为了得到某样物品或达到某个结果，大发脾气、吼叫，或者保持沉默，拒绝回应父母的一切问题。儿童这时的愤怒表达了自己的目标被阻止，但同时也在运用愤怒的行为给父母造成压力，这些行为和前文提到的间接性的攻击性行为是类似的。此时儿童的情绪状态目的性大于感受性。很多有经验的父母或者教师都建议，这种情况下一定要保持原则，不予理睬。这样做确实避免了儿童学会一种不合理的诉求方式。但是，同样的情绪，诱发原因并不一定相同，同样的行为，儿童的想法也并不一定都相同。如果是父母之前许下了承诺，由于某些原因没有兑现呢？如果是儿童与父母之间产生了对话的误解，导致儿童以为父母食言呢？若要处理儿童的问题，就要站在儿童的立场去分析和了解。并没有哪种情况可以适用于所有的儿童，是妥协还是坚守，希望每个父母的选择中可以多一个选项。

由于每个人的个性不同，有乐天派，就会有冲动者，有的儿童天生容易冲动，情绪来得快去得也快，大大咧咧，直来直去。当愤怒的时候，他们难以压抑怒火，常常会做出事后后悔的行为，冲动之下说出要绝交的话，怒火中烧的时候鲁莽、失去理智。这样的儿童，他们也会希望能够在愤怒发生时，减少情绪化的行为。放松训练是很好的方法。平时让儿童练习放松训练，并且想象最近让自己愤怒的事情，通过放松训练将愤怒值降低，当再次陷入愤怒的时候，调整呼吸让自己的情绪缓解。或者制作一个情绪暂停提示，当陷入愤怒的时候，这个提示的物品一出现，就要暂停或者离开当下情景去做一些别的事情。这个提示也可以放在父母或者朋友那里保管，当发现儿童的愤怒值上升，父母拿出提示物品——愤怒不能解决问题，我们先停下来。然后将愤怒通过合理的方式进行宣泄和调节。

愤怒情绪虽然被认为是负面情绪，但是愤怒本身并不是错的，只是在愤怒之下产生的不良行为是错的。愤怒之于儿童，不仅保护儿童免予痛苦，同时也在向他人传递自己的界限和底线，在人际交往过程中，适当的愤怒反而会促进交往。儿童是在表达愤怒和感受父母愤怒的过程中进一步明晰社会规则，完成社会化。管理领域发现，在谈判的过程中，适当的愤怒会促进谈判的有效进行。父母不必过于担忧儿童的愤怒，就算现在的儿童像一座小火山，但总有办法帮他找到舒服地和大家相处的方法，以及调控火山形势的诀窍。火山的开关就在儿童身上，况且火山本身也是一个重要的存在。

第三节　悲伤——我也会因为失去而难过

悲伤是对失去产生的一种情绪反应。当人们失去某种对自己来说很有价值的人或事物，此时的感受就是悲伤。失去包含两个方面，一方面是外显的离别：毕业、生活环境或工作环境的变化、亲友过世等；另一方面是内隐的失败：愿望落空、错失机会或计划失败等。悲伤的时候，双眼无神，嘴角会向两侧拉扯或者紧闭，眼睛通常会避免直视，看向下边或旁边。眼泪是判断悲伤表情的重要依据。悲伤传递了不想改变现状、不愿接收失去的信息。当儿童表现出悲伤情绪，父母通常会想办法避免儿童的失去。悲伤的一个重要作用就是诱发他人的帮助。如果失去不可避免，悲伤会促进儿童产生改变的动力，减少失去造成的痛苦感受。当在离别的情景中表现出悲伤情绪，还会提高儿童人际交往的黏性，增进人际、团队之间的凝聚力。儿童体验到的悲伤的程度与儿童对失去的人或事物的价值感有关，越是重要的、有价值的，引发的悲伤感受就越强烈。有时父母不明白为什么儿童只是因为弄丢了一块橡皮却难过好几天，这与橡皮的价格无关，这或许是儿童最舍不得用的，也许是好朋友送的，也许是某次获奖的奖品。尽管悲伤对儿童的成长来说有一定的积极作用，但是悲伤却是一种负面情绪，因为悲伤是痛苦的，持续性的悲伤会让儿童陷入失望、孤独中，拒绝交流，还会引发愤怒、抱怨、恐惧和抑郁，影响儿童的身心健康。

诱发儿童悲伤的第一个内容是分离。儿童第一次感觉到悲伤就是与父母的分离。6个月大的婴儿有时会莫名哭闹，他们不需要换尿布也不需要食物，只是因为没有看到父母出现在视野中。当婴儿长到1岁之后，很多父母需要每天上班，这时的儿童开始拒绝父母出门，他们抓着爸爸妈妈的手，十分悲伤痛苦的样子。有的儿童甚至在父母开始换外套的时候就开始阻挠，央求着不要爸爸妈妈走。很多父母上班之前需要斗智斗勇，需要在孩子起床之前偷偷出门，或者其中一个负责掩护吸引孩子的注意力，甚至要佯装生气，喝止儿童的行为。3岁之前，儿童还没有形成物体守恒的概念，以为看不到的东西就是不存在的，无法理解父母出门后还会回来。他们对时间的概念也是模糊的，不清楚1个小时和半天的时间是多久。所以，对于父母的离开，他们会用尽办法阻止，这也是悲伤情绪下引发的行为。如果每次上班前与儿童的拉锯成了父母的困扰，那么父母可以尝试一些方法暂缓儿童的情绪，帮助儿童理解父母的暂时离开不会影响到儿童的生活，他们还是会得到很好的照顾，而且父母一定会回来。例如，进行一些捉迷藏游戏，制定出门和回来的特殊仪式，增加儿童对其他家庭成员的信任与依赖。捉迷藏游戏并非是在出门的时候，和儿童说“妈妈要藏起来，你在10个数字之后来找我”，然后趁机溜出门。这样的做法只会增加儿童的焦虑，他们只会感受到欺骗。正确的做法是在日常与儿童做游戏互动，让儿童明白当父母暂时地离开了视线是没有关系的。也可以在儿童藏、父母找的过程中，拖延一下时间，在5分钟或者10分钟之后才找到，并告诉儿童，这段时间就是 10 分钟，其实并不是很长。这样逐渐让儿童理解和学习等待。出门的时候告诉儿童：“这是一次比较长时间的捉迷藏，你是可以做到的，等我回来。”一些出门和回来后的固定仪式，能够在某种程度上缓解儿童对父母离开的不良情绪，为父母已经回来制定一个信号，减少不安全感。这种“仪式”不需要很盛大，可以只是一个拥抱或击掌，或者只是一句“我回来了”之类的招呼。此外，儿童不愿父母离开的很重要的原因是对父母的依赖，在日常生活中，不论爸爸妈妈或者生活在一起的其他家庭成员，在儿童需要的时候，都可以出现在儿童身边。通常情况下，妈妈总是第一个出现，并且扮演着关于儿童所有事情的“权威角色”，有时其他家庭成员也会对儿童开玩笑地说：“再不吃饭就让妈妈走了。”这样的行为和语言也会加深儿童对母亲或者某个成人的依赖，当其要离开的时候，儿童会表现出更大的悲伤。

儿童的成长是一个不断分离的过程，从出生时离开母亲的子宫，到婴儿期父母离开视线和离开奶粉转换到辅食，再到幼儿期离开父母到达幼儿园和学校，每个假期，每次毕业，以及离开成长的环境创造自己的空间，最后还要面临与亲人朋友的生离死别，离愁别绪似乎难以避免。悲伤情绪相较于其他情绪持续的时间更长，父母可以鼓励儿童在调节过程中以情绪的释放与表达为主，将自己的悲伤通过语言、绘画、运动等方式释放出来，逐渐恢复情绪的平静。这其中的表达不仅是儿童自己向他人诉说难过，还包括向离别的对象倾诉不舍，情绪的回应与安慰有利于悲伤情绪的缓解。儿童可以与将要分别的小伙伴制作临别礼物，约定再次相见的时间。若是改变了生活环境，也可以帮助儿童练习一些结交新朋友、加入新集体的方法，准备自我介绍，了解周围的环境，以及想办法加入新家附近陌生小伙伴的游戏等。

还有一种分离是成人有时也难以应对的——亲人的离世。在儿童的成长过程中，父母和教师都希望能够呈现积极有活力的事物，关于死亡的话题一直难以启齿。但是就像离别不可避免，死亡同样也是不能躲避的。阳台上的小花、家里的宠物、认识的亲人……儿童自己也会发现、会好奇，在不同的年龄阶段，儿童对死亡的理解和反应有着不同的特点：3～5岁的时候，儿童对死亡的好奇多于对死亡的理解，会认为死亡是可以逆转的，死去的人也可以感觉到饥饿、痛苦，既能听见又能看见，如果自己喊叫、拉着去世的人的手，去世的人就会被唤醒。有时也会产生错误的联系，认为是自己的某些行为导致了死亡，比如，因为我没带着宠物小狗出门，不让它碰到我的玩具，所以它死了。他们会哭泣、难过，也会容易生气，和其他小朋友打架，出现过分依赖的行为，情绪激烈时还会责备死去的人，对周围事物反应冷淡，有了突然尿床、吸手指的习惯，甚至出现害怕被抛弃的情况。6～8岁的儿童已经能够理解死亡的概念，意识到死亡是不能逆转的，但是还不能理解自己也会死亡，并不会觉得每个人都会死亡。他们开始想要探究死亡的原因，甚至会害怕这些导致死亡的可怕事情会发生在活着的亲人身上，有时还会指责医生和父母，是他们没有尽力，所以爷爷奶奶去世了，所以心爱的宠物死去了。因此，他们容易发怒生气，心情起伏不定，不愿意和朋友、家人交流，或者格外缠着父母，不愿意上学，有时会肚子疼、头疼，出现一些身体上的不舒服等。当儿童进入小学高年级，到了12岁左右，就可以完全理解死亡的概念，并且意识到自己也会死亡，他们逐渐像成人一样理解和看待死亡，同样地也会像成人一样去面对死亡，儿童的责任感也会显现，开始主动安慰和想要保护其他悲伤的家人。当儿童进入青春期之后，不仅是与自己有关的人的死亡会引起触动，他们还开始思考生命的意义，甚至会对死亡产生兴趣，想要更深入地了解，希望能够掌握更多关于生命的信息，还会对一些猎奇、另类的生命视角产生兴趣。儿童的思维从具象逐渐向抽象转变，认知也是从眼睛能够看到的内容开始。有时父母会觉得儿童还小，会隐瞒或者用各种方式修饰死亡的信息。然而儿童是细心且敏感的，他们能够意识到身边有事情发生。有时隐瞒反而让儿童的恐惧增加。父母可以将事情逐渐地告诉儿童："爷爷生病了，病得很严重。""现在爷爷去世了，看上去像是睡着了一样。""从现在开始我们还会为爷爷做一些事情，让他安息。你可能还不明白现在是怎么回事，你可以自己先看一会儿书或者玩一会儿，等我忙完会来继续陪你。"当然，这并不意味着将死亡的概念直接告诉儿童，只是这件事不必遮掩，也不必要求身为父母就一定比儿童坚强和镇定，有时父母甚至可以告诉儿童："爸爸/妈妈现在也很难过，因为想到奶奶再也不能和我们生活在一起了。你能陪陪爸爸/妈妈吗？"这时的拥抱或许会成为彼此共同的安慰。

悲伤会持续几天甚至几个月，如果父母不知道用什么样的语言和儿童沟通，可以借助故事和绘本，让儿童理解目前的情况和自己的情绪。绘本《爷爷变成了幽灵》就讲述了一个关于死亡的故事：小男孩的爷爷去世了，夜晚变成了幽灵出现在他的房间里，因为爷爷忘记了一件事，于是两个人用了好几个晚上一起寻找忘记的事情，最后爷爷终于想起来了，他忘记的是和小男孩说再见，于是他们约定，小男孩以后要乖一点儿（但也不用太乖），要时不时地想着对方（但是也不用一直想着），之后爷爷就离开了。故事温馨中也伴随着淡淡的忧伤。还有一种讨论的方式，就是把问题反问给儿童：你觉得那是一种什么样的感觉呢？然后根据儿童的理解水平，寻找回应的角度。当然，如果死亡的悲伤或者冲击让儿童的负面情绪更加严重，不良情绪难以控制，也可以寻求专业的心理教师或者心理咨询师的帮助。

诱发儿童悲伤的第二个内容是目标落空。当儿童考试成绩没有达到预期的结果，没能成功进入足球队，或者用了很长时间制作的假期计划被打乱不能进行等，这些儿童认为有意义、有价值的事情没有做到，儿童也会产生悲伤的情绪。此时的悲伤与离别的悲伤略有不同，离别的情景多是不能避免的客观原因，儿童很难通过一些行为改变当下情景，只能调节情绪，调整自己更好地去适应；而那些导致失败的原因还有一部分是由于儿童努力不够，如果再仔细一些，如果再练习几次，如果再坚定一点儿，可能结局就会不同。因此，由于内隐的理想目标落空诱发了悲伤情绪之后，儿童可能会产生两种完全不同的行为。当儿童认为是自己不够努力才出现这个结果的时候，儿童会在悲伤的激励下继续努力，付出更多的时间，有更强的动力促进接下来的行为。当儿童认为自己已经用尽了全力依旧失败，自己就没有这个天赋，不可能成功，是一个失败的人的时候，儿童就会陷入消极体验，郁郁寡欢，失去对原目标的兴趣，甚至不再有任何积极的尝试。根据心理学家埃里克森对人生每个阶段的心理任务的总结，学龄前的儿童需要树立“正式和追求有价值目标的勇气”，儿童根据自己的那些主动的探索行为，好奇心和创造力是否受到鼓励，逐渐形成积极主动的能力和品质。如果这个阶段儿童的探索行为一直被打断，无法成功，他们就会缺少进取的力量，行动上缺乏自信。而学龄期的儿童需要获得“自由操作的熟练技能和智慧”，获得勤奋感。他们在学校的学习和活动任务中能够经常获得成功与肯定的时候，勤奋感就会增加；反之，经常的失败会让儿童产生自己不如他人的自卑感。因此，父母需要在儿童失败的时候给予恰当的分析和指导，帮助儿童减少消极的体验和行为，掌握面对失败和挫折的方法。例如，制定适合自己的目标，关注努力的过程，提高自己的意志力等。同时也要尽量鼓励儿童。或许儿童制定了一个难以实现的目标，但是他热情满满，如果你担心他实现不了会失望，又担心阻碍他反而会感觉被打击，那么可以告诉你的孩子：你的勇气和坚持是很难得的，我永远支持你对理想的热情。这样，即使他失败了，也可以通过对过程的肯定，来缓解儿童的悲伤。

适当的挫折和失败经历对儿童的成长也是有益的，切不可为了减少悲伤的负面影响而一直避免儿童遭受挫折。有一个故事叫作《糟糕透了和精彩极了》，讲述一个作者在孩提时代，每次自己写出的诗，母亲都会说精彩极了，给他很大的鼓舞；而父亲却总是严苛地说糟糕透了， 让他备受打击，想着一定要写出让父亲称赞的诗。于是他的写作热情就在两种评价中一直保持着，直到有一天他成了作家，想起小时候的经历，翻看那时的作品，果然像父亲说的，糟糕透了。如果母亲也如实告诉他，他会受到打击不再写作了，可是如果父亲也像母亲一样称赞他，他也会因为自满不再继续钻研，最后也不会成功。挫折和成功对儿童同样重要，经历悲伤和调节悲伤不可避免，成长的经历也不可缺失。

不论是内隐的失败还是外显的离别，儿童在所有的悲伤诱发事件中都是被动的。然而，儿童的成长过程是一个不断重新认知自己的过程中，对于那些有价值的人和事物，除了坚持与争取，还有一种选择叫作放弃与成全。一个男孩想要加入足球队，他每天锻炼体能，每天练球，可是有一天他发现了排球的魅力，两者之间只能选择一个，或者几年之后他发现自己的能力还是达不到校队的要求，他是可以做出放弃原来目标的决定的。这个主动选择的失去也会带来痛苦和悲伤，但是并非所有的目标都要以实现为终极结果。父母的鼓励不是只有一个方向，鼓励的是儿童本身的特质，而不是特定行为的结果。成人养育者期待的是儿童面对悲伤情绪的时候，能够自我调节，依旧对自己充满信心。主动放弃也是一种能力，是衡量了各种结果和因素做出的决定，代表了儿童的成长和独立。

虽然悲伤是痛苦的，但是悲伤并不可怕。悲伤不等于抑郁，悲伤的心境也不代表悲观。有时儿童为了证明自己是乐观坚强的，会压抑和掩饰悲伤，有时父母为了减轻儿童的痛苦，在悲伤之初就马上制止。这些其实并不利于悲伤情绪的缓解。父母首先要做的是允许儿童悲伤，每种情绪都不必排斥它，情绪是和我们一起长大的朋友。其次是有效的陪伴，适当的肢体接触，轻声的安慰，不打断儿童的眼泪。最后告诉儿童，如果是我，我也会像你一样难过，不过别担心，我会在。

第四节　恐惧——害怕和勇敢都是学来的

恐惧是基本情绪，也是儿童成长过程中又一种重要的情绪。它是指人们在面临某种危险情景（如外部环境和躯体本身的致病因素等），企图摆脱而又无能为力时所产生的一种强烈情绪主观体验（如担惊受怕）并诱发相应的行为反应（如逃跑）。引发儿童恐惧的事物可能是真实存在的，如某种动物、雷声、某种特殊场景；也可能是想象的，如鬼怪或未知的危险。恐惧情绪具有保护功能，让人们从儿童阶段开始躲避危险，甚至获得他人的救助。恐惧发生时，身体会首先做出反应，双眼紧闭，颈部肌肉快速紧张，肩膀收缩朝向颈部，胳膊也会拉向头部。这些动作都是无意识的反应。用突然的、较大的声音刺激成人和儿童，他们都会做出相似的动作。心理学家发现这些动作其实是一种保护的姿势，保护了眼睛、头部、颈部这些容易受到攻击并且很重要的部位。而且恐惧的表情是双眉聚拢、升高，眼皮上扬、眼袋紧绷，眼睛睁大，嘴巴张开向两侧拉伸，并且呼吸加重。有心理学家相信这些表情能让儿童扩大视野，觉察到更多的危险，增加呼吸频率，为身体动作做进一步的准备。如果观察他人或者自己的恐惧表情，还会觉察到一种无助和弱小的感觉，这些都会激发旁观者的同情心和实施帮助的行动。恐惧不仅反映了儿童的感受，也为儿童带来了无形中的保护。成人养育者也是通过儿童的恐惧情绪为儿童营造安全的成长环境，让儿童舒适的环境不一定是最好的，但是持续引发儿童恐惧的环境一定是不适合的。

儿童恐惧的来源既有先天的，也有后天学习到的。先天的恐惧刺激因素具有突然性、新异性和剧烈性的特点，这类因素在儿童的每个阶段乃至成人之后，都会引起恐惧情绪。例如，突然的声响，超乎预计的地震、火灾等。后天学习到的恐惧刺激因素与文化环境、儿童社会化情况有关，有可能会随着儿童社会经验的变化而发生变化。

心理学家梳理总结了不同年龄阶段引发儿童恐惧的具体对象，如下表所示。

年龄阶段	恐惧对象
0～6个月	身体支持的丧失、大的声音
7～12个月	陌生人、突如其来或冲向身体的物体
1岁	与父母分离、伤害、大小便、陌生人
2岁	噪声、动物、黑暗的房间、与父母分离、大型物体或机器、个人环境的改变
3岁	面具、黑暗、动物、与父母分离
4岁	与父母分离、动物、黑暗、噪声
5岁	动物、“坏人”、黑暗、与父母分离、身体伤害
6岁	超自然的东西（如鬼怪或巫婆）、身体的伤害、打雷和闪电、独自睡觉或独自活动、与父母分离
7～8岁	超自然的东西、黑暗、媒体关注的事件、独自一人、身体受伤
9～12岁	学校的考试和测验、学校里的表现、身体受伤、外貌身材、打雷和闪电、死亡
青春期	人际关系、外貌身材、学校、政治事件、未来、动物、超自然现象、自然灾难、安全

随着年龄的增长和对世界认知的增加，儿童的恐惧对象逐渐发生变化。在通常情况下，上述表格中列举的恐惧对象会诱发这个年龄阶段儿童的恐惧，父母和其他成人养育者可以对比身边儿童的情况，以便协助儿童缓解恐惧情绪。多数恐惧通过适当的调整可以很快得到缓解，基本上在 1 ～ 3 个月就会消失，并不会造成很严重的后果。当身处黑暗或者被突然的声响惊吓到，父母及时出现，安抚和帮助儿童，儿童的情绪很快就会放松下来。如果恐惧刺激已经消失，儿童的恐惧情绪还是持续很久，并且出现与所在年龄阶段不符的恐惧，那么父母需要咨询专业人士，鉴别儿童是否出现了恐惧情绪障碍。因为恐惧还与儿童的社会经验有关，某些特定的事件、人或事物，有可能让儿童产生痛苦的感受，令儿童学会了不合理的恐惧。

在所有的基本情绪中，恐惧是唯一可以学习的情绪。当儿童看到父母、家人、朋友或者视频中的同龄人受到某种伤害，或者对某些事物表现出恐惧，即使儿童从来没有在生活中接触过这些事物，也会对其产生恐惧。例如，父母害怕的动物，儿童很有可能也会害怕。琪琪的妈妈很害怕鸟类，所以每次带着琪琪出门的时候都尽量躲开有鸟类的地方，看到鸟类出现，妈妈会表现出恐惧的动作和表情，渐渐地，家人发现琪琪也开始害怕鸟类。尽管妈妈一直避免和琪琪说鸟类的可怕之处，但是父母的恐惧对象并不都会被儿童学习到，如果在父母表现出恐惧之前，儿童已经发现了某种乐趣，儿童就并不会和父母有一样的恐惧反应。就像有的父亲恐高，但是他的孩子却很喜欢高的地方。恐惧可以学习的特点在一定程度上保护着儿童的成长，儿童不需要自己经历流血、受伤，就可以知道某些环境和行为是不安全的。儿童的观察学习可以举一反三。当儿童看到另一个儿童被锤子砸到了手，他不仅学习到锤子是不安全的，也会知道其他和锤子同类的工具都是不安全的。儿童阶段掌握的关于恐惧的经验如果能够保持下来，就会形成稳定的情绪反应。

根据恐惧可以学习的特点，行为心理学家发现，如果将儿童的恐惧体验和任何事物联系在一起，儿童都会对这个事物产生恐惧反应，不论这个事物的安全性如何。甚至有研究通过这种方式让一个1岁的幼儿对毛绒玩具产生了恐惧，他每次看到毛茸茸的玩具，就会颤抖、大哭。这种恐惧如果不能及时得到缓解，将会持续他的一生。当他长大，由于对幼时记忆的模糊，他永远也不会知道自己为什么会害怕毛绒玩具。很多儿童甚至成人会对某种大多数人并不恐惧的事物感到害怕，其原因可能就是幼年时学习到的。大部分情况下这种学习是无意识的，有时父母为了儿童的安全，会警告儿童不可以自己在小区绿化的假山上玩，因为那里藏着坏人。同时儿童听到了关于假山的伤害性事件，关于坏人的伤害性事件，种种因素的叠加，可能导致儿童对假山形成恐惧，即使他长大了，知道假山里没有坏人，父母也允许他在假山附近玩耍，儿童也会拒绝靠近。运用这个特点，也可以减少或消除儿童对某些特定物品的恐惧。这种方法叫作“系统脱敏法”：结合放松训练，通过想象或直接接触的方式，缓慢地、逐级地接触恐惧对象，逐步缓解焦虑。具体实施需要在专业人士的指导下进行。尽管儿童在成长的过程中学习到恐惧的经验，但最终的情绪反应可能令父母理解，也可能令父母费解。成人养育者可以结合情绪调节策略帮助儿童达到一定程度的缓解。

儿童恐惧时，经常出现惊慌失措、哭闹发抖、躲藏回避的行为，同时自控力、判断力、理解力都会下降，影响儿童的正常行为和社会适应。父母在面对儿童的恐惧情绪时，需要有更多的耐心和鼓励，营造安全的氛围。

黑暗几乎是每个儿童的恐惧因素，这导致儿童晚上不敢一个人上厕所，不敢一个人在房间里睡觉。但是随着儿童长大，这的确是需要儿童面对并克服的。首先，让儿童对自己的房间有归属感和控制感。如果这是一个公用的次卧，不能只属于儿童，也要明确这个房间至少从每天晚上 7 点到早上 7 点是属于儿童的。可以让儿童参与这个房间的布置，或者专门有一个空间是放置属于儿童自己的书桌和喜欢的物品。若是家里来了客人，或者有布置调整，也要征求儿童的意见：今天晚上姑姑会和你一起睡，可以吗？当儿童了解自己的房间，并且拥有了一定的控制感，对房间内未知的、可能会发生危险的担忧也会随之降低。其次，倾听和理解儿童的恐惧。耐心地引导儿童说出对黑暗恐惧的内容，可能做了荒诞的噩梦，可能听到某个奇怪的故事，或者觉得柜子里藏着某种鬼怪，甚至是说自己听到奇怪的声音、看到奇怪的事情等，不论儿童的想法如何，不必争辩和否认，抱抱他：“嗯，妈妈明白你的害怕，你希望妈妈做点儿什么？”然后，和儿童一起寻找缓解害怕的方法，让儿童感受到父母的陪伴与保护。例如，把儿童喜欢的毛绒玩具放在床边；和儿童交换枕头，保留一点儿父母的气息；将儿童房间的门与父母房间的门都打开；在儿童房间放置一盏夜灯；为儿童制作捕梦网，告诉儿童在梦里每个人都可以有飞翔的魔法，遇到害怕的事情可以让自己飞走；等等。让儿童克服对黑暗的恐惧是一个过程，父母需要做的是和儿童一起寻找方法，而不是单一的只做游说或妥协。这里需要注意的是，为了增强儿童的勇气，父母可以选择勇敢、温馨的睡前故事，故事中尽量避免出现令儿童害怕的形象，避免渲染故事中恐怖的情节。与儿童的睡前对话要以鼓励为主，可以告诉儿童：“你今天做得特别好，相信你一定可以做个好梦。”尽量不要对儿童使用提示的话语，比如说：“今天晚上不用担心，出现任何情况就大声喊妈妈，上厕所的时候一定要开灯，不要踢被子，不要总是想柜子里和床底下，那里什么也没有。”这些话在某种程度上会暗示儿童有危险存在，反而会起到反作用。有时父母为了证明儿童的恐惧是不合理的，会带着儿童查看黑暗的地方，但是这个方法取决于儿童的认知发展是否可以理解科学和想象的区别。当儿童进入小学，可以逐渐区分客观现实和想象，如果儿童依旧不接受父母的解释，就可以适当暂停解释而采取其他方法。总之，让儿童接收到父母的支持、理解、关注和力量。这种接收以儿童的感受为衡量，不以父母的做法为标准。

怕疼，拒绝打针、体检或去医院，这些也是需要家长寻找方法帮助儿童克服的恐惧。拒绝身体的伤害是儿童本能的对恐惧的反应。在各种儿科门诊，有时儿童的哭泣中，害怕多于真实的疼痛。疼痛也是儿童的自我保护机制，之前的疼痛经历，看到他人的疼痛反应，都能够让儿童对疼痛产生情绪紧张和回避行为。父母可以尝试这样几种方法缓解儿童的紧张。第一种，减少医院与疼痛之间的联系。平时可以和儿童进行医生角色扮演游戏，在游戏中建立对医生、检查、问诊的积极认知，让儿童理解并接受医生的行为对儿童是有帮助的。此外，在平时交流中，不要用打针、看大夫之类的话吓唬儿童，有时儿童不爱吃蔬菜，不想戴围巾，父母会说：“这样你会感冒的，感冒就得去医院打针，多疼、多难受呀！”这种话会在一定程度上起到作用，但是也会让儿童产生“去医院是不好的事情”的认知。在就诊的过程中，也可以尝试让儿童独立回答医生的问题，增加儿童对医生的信任。第二种，提前告诉儿童去医院的时间并解释就医目的。回答关于儿童是否会疼的疑问时，从儿童的角度进行回答：“会感觉到，但是时间很短，是你能够承受的程度。”在儿童没有询问之前，可以不必强调会打针。第三种，带着儿童喜欢的玩具或图书一起，一方面转移儿童在等待过程中的注意力，防止被其他小朋友的情绪感染；另一方面喜欢的物品可以让儿童放松，缓解儿童的紧张状态。第四种，深呼吸，父母进行放松训练，带着轻松的状态与儿童来到医院。有时父母看到儿童的检查或者治疗过程，可能比儿童还要难过，这种情绪也会感染到儿童。

还有一种常常困扰父母的儿童恐惧表现是社交恐惧。父母期待自己的孩子在人际交往中是从容而又受欢迎的，但是现实情况往往不同于父母的期待，甚至有的儿童的情况正好相反，他们不善言辞，羞于交往，甚至躲避人多的环境。这时的父母，需要首先对儿童的情况进行辨别，这是由于儿童的个性喜欢独处，还是儿童缺乏人际交往的方法，还是对人际交往产生了恐惧反应，不同的情况有不同的应对方法。如果儿童对人际交往产生恐惧，在陌生人和人群面前做出恐惧的表现而非害羞状态，儿童的肢体、表情像前文描述的，是防御的、回避的，并且影响到正常的、必要的人际交往，不敢和同桌交流、躲着邻居、不能单独购物等，那么儿童可能出现了社交恐惧，需要专业心理咨询师的帮助。如果儿童躲避、拒绝的原因是害羞或者没有合适的人际交往方法，其实心里希望能够有更多的朋友，那么父母只要帮助儿童找到合适的方法就可以，一起分析什么样的行为是受欢迎的，怎样在公共场所做自我介绍，鼓励儿童主动和同学打招呼等。如果儿童并不缺少人际交往的方法，而是主动选择不参与某些集体活动，其实有自己的好朋友的，只是数量并不多，喜静不喜动，那么父母需要尊重儿童的个性。人际适应的标准并不是结交的人数多少，而是能够与大家友好相处。

虽然恐惧情绪引起的感受是难过的，一旦发生意味着儿童出现了某种危机，但是父母与儿童并不需要过分担心，在日常生活中可以积累应对恐惧的能量，获得成长的勇气。儿童的恐惧可以随着知识的增长逐渐消退，父母可以在教养过程中加入对儿童恐惧内容的知识讲解，例如，黑夜和雷声是一种自然现象，疼痛和疾病是身体的自我保护，为了避免自然灾害社会中设置了不同的应对措施和相关机构等。恐惧并不是因为弱小，儿童会恐惧，大人也会恐惧，有时儿童比大人还要勇敢。适当地讲述、分享那些勇敢的榜样的故事，同时在生活中鼓励儿童的探索精神和行为，当儿童好奇树叶上不知名的昆虫，当儿童想要摸一摸榴莲的外壳的时候，做好防护准备，取代语言提醒："小心，这个会伤到你，这个不干净。"生活中的危险确实存在，但是真正的保护是不论儿童走到哪里我们都可以和他在一起，而不是禁锢他们探索世界的前进脚步。

第五章

儿童的复合情绪

第一节　焦虑——焦虑并不存在

随着儿童社会化程度的加深，儿童的情绪主观体验逐渐复杂，当几种基本情绪相互叠加，就形成了复合情绪。焦虑是儿童阶段比较常见的一种复合情绪，是一种由紧张、不安、担忧、恐惧等交织在一起的情绪状态。焦虑的儿童常常感觉某种危险和不可控的事件即将发生，因此烦躁、惊慌，吃不好、睡不好，但是却又说不清楚具体担心的是什么，也弄不明白会发生什么可怖的结果。焦虑情绪中说不清、道不明的恐惧不安，与儿童的表达能力发展无关，即使是成人也不能清晰地阐明焦虑中担忧的内容。这是焦虑的本质，即由人们预测的可能发生的不良后果所引发的不良情绪，由于这些不良后果还没有真实发生，所以，焦虑指向的是一种无法固定的对象和内容。因此，不论是成人还是儿童，都可以体验到焦虑导致的烦躁不安的感受，却无法说清具体在担忧什么。当儿童得知明天将要去看牙医时，他们开始焦虑，无法安心吃饭，也无法安心游戏，开始问很多问题，甚至频繁地上厕所，坐立不安。但是当询问具体担心什么，儿童却说不上来。当儿童陷入焦虑，一直追问有时并不会发挥作用，关注儿童的感受和行为可能更有帮助。儿童的焦虑通常会为自己带来负面影响，儿童变得敏感、缺乏信心，无法集中注意力，记忆力受阻，食欲下降，睡眠出现障碍，甚至腹痛、头晕、腹泻，即使一件很小的事情，也会引发不安。

焦虑的表现和诱发原因，与恐惧的反应很像，都伴随着担忧和不安。在焦虑情绪的复合情绪中，核心成分也正是恐惧。但是焦虑与恐惧是不同的。人们的恐惧是具体的人或事，可能恐惧对象是想象中的形象，但依旧有明确指向，当恐惧对象不出现或者已经远离，恐惧将会慢慢缓解；焦虑则没有明确指向，并且是指向未来的还没有发生甚至未必会发生的事情，焦虑不会因为担忧的事情已经发生或确定会不发生而消失，甚至会产生新的焦虑。焦虑情绪中包含了恐惧与担忧，还伴随着愤怒、羞愧和痛苦的感受。如果将儿童的恐惧情绪看作一种危险通报信号，恐惧之下儿童会采取相应的策略，或逃跑，或迎难而上。就像儿童害怕父母吵架一样，他们会在父母吵架的时候试图成为裁判官，终止争吵，或者躲进房间不听也不想。若是儿童的策略失败了，他们没有成功分辨谁对谁错，或者即使躲起来不听不看，父母的争吵却也没有结束。如果父母一直争吵，儿童将会体验到持续的恐惧和长久的无能为力，这时恐惧就逐渐转化为焦虑。当父母的争吵已经结束，儿童的焦虑却不会立即消失，儿童会对父母的言语和行为很敏感，担心父母还会争吵，担忧他们之间的关系，开始闷闷不乐、忧心忡忡。从这个角度来看，焦虑的内容是未解决的恐惧，是对恐惧的恐惧。区分焦虑和恐惧，并不是简单从具体的情绪事件出发。真正理解焦虑与恐惧的联系与不同，将有利于父母和其他成人养育者理解儿童当下的真实感受，便于协助儿童一起完善情绪调节机制。

根据焦虑发生的具体情况，可以将儿童的焦虑分成状态焦虑和特质焦虑。状态焦虑是在特定情景下诱发的，通常是对某段特定时间的担忧和不安；特质焦虑则与儿童的个性有关，是一种比较持续性的紧张，即使没有特定的情景，也会不安。例如，儿童得知将要和父母分离，分离之前的不安就是状态焦虑，当父母已经离开或者已经回来，儿童的情绪也会随之转变。而一旦儿童形成了焦虑的人格特质，即使短期内没有与父母分离的情况，儿童也会对父母的行为很敏感。只是此时的敏感若是促进了儿童与父母表达亲密的情感，并未对父母与儿童自己的日常生活造成不良影响，则具有这种焦虑特质也无妨。如果儿童的焦虑特质使得儿童的注意力、饮食、睡眠、生活和学习都无法正常进行，则需要对儿童进行专业的咨询和治疗。

儿童阶段首先需要应对的一种焦虑是分离焦虑。当儿童意识到将要与父母或亲密的家人分离，就会表现出分离焦虑。分离焦虑不仅包括儿童将要离开父母和家人独自在幼儿园里度过一天的时间，还包括父母上班、去超市、出差等或长或短的分离。在第四章第三节关于“悲伤”的内容中，已经分享了如何帮助父母成功地与儿童离别，缓解儿童在离别时感受到的悲伤。而分离焦虑是在父母还未出发之前儿童的状态，甚至是在父母回来之后，儿童对再一次分离的担忧和烦恼所表现出的焦虑。儿童一直是敏感和主观的，他们用一切方式拒绝令自己不愉快的事情，同时也能够随时觉察那些不愉快的事情的发生。因此，面对儿童的情绪，坦诚和面对要比拒绝和回避的效果更好。第一步，帮助儿童认知焦虑，识别现在的情绪体验。父母可以试着和儿童共情，帮助儿童把感受表达出来：“我知道你舍不得奶奶离开，所以才会吃不好也睡不好，甚至很想大哭，大声地告诉奶奶不要走。”然后告诉儿童，这是一种很正常的情绪反应，不用担心，我们有很多办法可以轻松下来，可以感觉好一点儿。第二步，根据具体的分离情景，逐渐让儿童适应缓解担忧。如果是父母上班或出差的分离焦虑，之前介绍过的捉迷藏游戏和增加家庭其他成员的信任感都可以起到缓解作用。如果是儿童在入学前的分离焦虑，父母在正式入学之前可以带着儿童熟悉幼儿园的环境和生活，熟悉的过程中寻找儿童喜欢和感兴趣的布置、玩具，也可以让儿童和其他小朋友或教师提前认识，帮助儿童适应。此外，在最初送儿童进入幼儿园的时候，尽量避免全家人都出现在幼儿园的门口，爷爷、奶奶、弟弟、妹妹们的离别，在家里进行就可以。儿童的情绪是情景的，当儿童看到所有的亲人都被幼儿园的大门阻挡住，儿童会更难以承受。当儿童回到家中，可以分享儿童一天的经历，在没有父母的陪伴下，他经历了什么。不必在分享时补充一句："你看没有爸爸妈妈，你在幼儿园也很开心。"只需回应儿童的感受："你今天交到了好朋友，你今天表现得确实很棒。"在缓解儿童分离焦虑时，还需要注意两件事情：其一，如果已经持续了一段时间，儿童依旧对第二天上学、父母要去上班感到莫名焦虑，那么父母需要重新反思是否忽略了什么环节；其二，儿童拒绝幼儿园，拒绝父母亲人离开的原因有很多，分离焦虑只是外在表现，如果能够洞察儿童的真实原因，更有利于缓解焦虑。

考前焦虑是儿童阶段第二种不可避免的焦虑。几乎每个儿童都会在临近考试的时候，产生一定程度的焦虑，有的儿童因此减少了看电视的时间，一直在复习；有的儿童坐立不安，总是想着一旦考试结果不好会面临的糟糕情景；有的儿童强迫自己看书做题，但是大脑就是一片空白，什么也想不起来，什么都记不住。

焦虑情绪并非只会阻碍儿童的行为，一定程度的焦虑也是可以促进积极的复习的。在这种程度焦虑的影响下，儿童能够主动调整行为。当焦虑程度增加，导致儿童心跳加速，肌肉紧张，无法集中注意力，此时需要采取一定的措施来缓解焦虑。因此，儿童的考前焦虑缓解的目标是将焦虑调整到可控的范围内，并不是完全地消除。父母首先要做的，是承认儿童的焦虑："这次考试是有难度的，现在的焦虑、担心考试结果是正常的。即使是成人也不能完全不紧张。"引导儿童接纳自己的情绪反应，并将情绪表达出来。同时，父母要告诉儿童，焦虑对考试其实也会有帮助，只要把现在的焦虑程度降下来一些就可以。其次，父母带着儿童进行一些放松训练，调整呼吸和肌肉的紧张程度，降低生理活性水平。这里除了可以采取前文介绍的放松训练的几种方法，还可以尝试"蝴蝶拍"的方法。"蝴蝶拍"是一种情绪稳定的技术，当儿童无法集中注意力时，可以让儿童双手在胸前交叉环抱住自己的胳膊，左手搭在右胳膊上，右手搭在左胳膊上，然后右手轻轻拍一下左臂，左手再轻轻拍一下右臂，依次进行，每次双手各拍一下后，深呼吸一次。经过几轮之后，情绪可以逐渐平静下来。在学习的间隙，在教室里和家中都可以使用，当某个文章背不熟、某个题解不开时，都可以用这样的方法，休息一下，恢复认知的力量。最后，和儿童确定考试的最低目标并制订实现计划。父母对儿童考试成绩的期待总是很高，排名越靠前越好，导致儿童对自己的要求也是成绩越高越好，因此不论考试成绩如何，儿童和父母都觉得还不够，甚至觉得不论何种程度的复习都不够。然而每个儿童的学习阶段不同，每个考试的性质也不同，与其设定一个高不可攀的最高标准，不如商定一个可以实现的最低目标。例如，只要排名与上次考试相差不超过3名就好，可以进步3名，也可以落后3名。或者这是晋级考试，只要通过最低标准线就是成功的。或者这场比赛我们的目标是“争二保三”，保持现有的水平就好。降低儿童的压力之后，制订可行的计划和方案，逐步实现。父母可能会觉得这个要求是不是太低了，会让儿童松懈。但是不要忘记这是儿童已经被要求考到最好而产生焦虑困扰，无法积极准备了，此时的最低目标是为了告诉儿童，这是儿童的能力水平所在，要为儿童增加信心。

焦虑令儿童陷入了只看到眼前的困境，忘记了困难是可以解决的，以及困境解决后的轻松。父母也是如此，陷入儿童的焦虑和问题本身，忽视了情绪调节的宗旨——缓解感受，用积极的情绪主观体验代替消极的情绪主观体验。儿童与父母都被这些焦虑纠缠，失去头绪的时候，不妨提前感受一下情绪缓解后的轻松。这个方法儿童与成人都可以使用：将一张A4纸对折，分成上、下、左、右4个部分，在左上的部分画出此时此刻的状态，可以是写意的，也可以是写实的，可以是线条或图形；在右上的部分画出目前的焦虑事件；接着想一想有什么可以解决这些焦虑事件的方法，可行不可行的都包括，尽可能多地把所有的方法都画出来；最后在右下的部分画出当现在的焦虑事件解决了，自己会是什么样的状态。画好之后，简单回顾自己的画，感受最后一幅图的状态。生活中的所有困境都是可以突破的，想象焦虑和困境缓解之后的心情，有助于提升现在的积极感受。可能那些解决问题的方法太难实现，但是至少有一种方法我们已经做到了——这个绘画和回顾的过程就是缓解焦虑、释放压力、放松状态的方法之一。回顾绘画之前的焦虑状态，与现在的状态对比一下，焦虑是不是减少了一些？至少可以集中注意力了。这是生理层面放松的信号。

焦虑对儿童的成长具有保护的意义，提醒了儿童在社会化过程中，对自己、对他人以及他人对自己的认知。适当的焦虑可以鼓励儿童的积极行为，过大的焦虑虽然感染了儿童，但是通过适当的放松训练可以调控。当儿童和父母的协助都不能缓解儿童的焦虑状态，并且令儿童的学习和生活都受到了一定程度的干扰，此时最好带着儿童咨询专业的心理咨询人员。焦虑症是儿童一种常见的异常心理状态，其诊断有明确的标准，并不以单一的某种行为为依据。

现代心理学认为缓解焦虑最好的方法就是不焦虑。因为很多焦虑源自对症状本身的担忧。因为最近有考试，所以没有睡好，做了关于考试的梦。儿童想着一定要休息好才行，不然会干扰到复习和临场发挥。但是越想好好休息结果就越睡不着，甚至多梦。父母也觉得儿童这样睡不好是糟糕的，寻找各种方法帮助儿童睡眠，睡前一杯牛奶、更换更软的被子等，结果反而打乱了儿童原本的睡眠习惯，更加睡不着。从此儿童和父母都开始紧张焦虑，并且彼此的焦虑相互作用。其实最好的方法就是不去管，也不去想，依旧像原来一样，把这当成是一次偶然。焦虑在某种程度上就是对焦虑的焦虑。担心会出现焦虑的状态，结果焦虑爆发。所有的事情都顺其自然，如果一直想着可能会发生的事情，无法专心，那么就休息一下。当不再对焦虑本身担忧，儿童的焦虑就自然得到缓解，父母的焦虑也随之减轻，焦虑或许其实并不存在。

第二节　依恋与爱——其实不只爱你

每个人都向往爱。向往能够拥有与父母之间的爱、与朋友之间的爱、与爱人伴侣之间的爱、与兄弟姐妹之间的爱、与宠物之间的爱，以及各种或近或远的关系之中的爱。爱具有指向性，表明了人们的感受、信念，爱指向的人或物，反映了人们社会化的情况。爱是一种感受，也是一种复合情绪，但是它和基本情绪一样是与生俱来的。爱从婴儿的母婴依恋的关系中发展而来，随着儿童社会化程度的深入而深刻。爱涵盖了快乐、愤怒、悲伤和恐惧，也包含了满足、焦虑、担心和怨恨等感受，对每个人的成长和发展都有着巨大的作用。父母养育子女，为其提供无条件的爱即可，但是这份爱在遇到多子女情况的时候，在表达的时候，在面对子女与他人的爱的时候，总是充满困惑。

婴儿最初感受到的爱，就是婴儿与成人养育者之间亲密持久的情感关系。心理学家称为“依恋”，它是一种与某个特定的成人养育者（通常情况下是母亲）之间强烈的、长久的、持续的关系。婴儿阶段的依恋，发展为成长各阶段的爱，并能够反映各个阶段的婴儿与他人建立关系的情况。婴儿的依恋在 3 个月左右的时候开始具有指向性，并逐渐建立，直到婴儿 2 岁左右，不同的亲子互动方式已经与婴儿之间形成了不同的依恋类型。

有这样一个实验，可以观察到婴儿的依恋特点：首先准备一个有很多玩具的陌生房间，由母亲带着7个月大到2岁的婴儿一起进入，母亲坐在婴儿旁边，任由婴儿自由地玩耍；玩耍1.5分钟之后，一个婴儿并不认识的陌生人进入这个房间，进入后与母亲保持沉默1分钟，再与母亲进行简单的交谈，交谈大约1分钟的时间后，陌生人来到婴儿身边，与婴儿一起游戏，游戏时间1分钟；接着母亲离开房间，留下陌生人与婴儿在一起；母亲离开1.5分钟之后，回到房间，安抚婴儿，同时陌生人离开；母亲第一次回来，与婴儿相处1.5分钟后，母亲再次离开，并且只留下婴儿自己单独在房间里；当婴儿独处1.5分钟之后，之前的陌生人一个人回到房间，并参与婴儿的活动1.5分钟；最后母亲第二次返回，重新安抚婴儿，同时陌生人离开，母亲的安抚持续1.5分钟。到此整个实验过程结束。在整个过程中，可以观察婴儿在每个环节的表情、动作和情绪反应，可以看到婴儿游戏的专注程度，以及摆弄玩具的动作变化，还有婴儿对母亲离开、回来，以及陌生人出现时的态度和情绪。不同的婴儿反应完全不同，有的婴儿发现母亲离开马上大哭，不允许陌生人靠近，有的婴儿在母亲回来后反而很愤怒，摔打玩具，还有的婴儿会对陌生人表现出友好。

婴儿共表现出3种依恋的特点：第一种，焦虑－矛盾型。这类婴儿在进入房间后就一直关注着母亲的动作，对玩具不是很专心，时不时地会看向母亲，在母亲离开时会抓狂大哭，情绪像是要崩溃一般，当母亲回来之后，他们拒绝母亲的安抚与怀抱，很难平复情绪，既表现出想要亲近母亲，同时也会对母亲踢打，像是要惩罚母亲，出现自相矛盾的行为，并且对陌生人并不友好，与玩具的接触探索较少，情绪一直处于紧张的状态。第二种，回避型。这类婴儿似乎更关注手中的玩具，对母亲的离开并没有表现出痛苦和不高兴，当母亲回来的时候也没有很高兴，并且主动地回避母亲的安抚，他们对陌生人并不在意，有时还会关注到房间里其他的物品，但是对玩具可能会摔打，表现出愤怒。第三种，安全型。这类婴儿在进入房间后，虽然在玩玩具，却会经常性地回到母亲身边，寻求母亲的关注和安慰，当母亲离开房间的时候，开始烦躁、不开心，甚至哭泣，在母亲回来后，婴儿会主动寻找母亲的怀抱，情绪很快也可以稳定下来，他们对身边出现的陌生人比较友好，当陌生人参与游戏的时候，也愿意一起。2 岁左右婴儿的依恋类型在婴儿的潜意识中形成了某种内部工作模式，使婴儿在人际关系中对他人有了相似的预期。回避型依恋的婴儿认为自己并不值得被爱，他人也不愿意爱我，所以他们对亲密的人和陌生人都不关注；焦虑 – 矛盾型依恋的婴儿觉得他人不会爱自己，但是时而觉得自己是值得被爱的，时而又觉得自己是不值得被爱的，渴望他人的主动接近却又拒绝接近；安全型依恋的婴儿认为自己值得被爱，也相信他人会爱自己，所以通常表现出友善，并且乐于接受他人的友善。这些预期同时反映了婴儿自童年至成人各阶段的人际关系的特点。

借助上述实验过程，父母可以观察自己的孩子的依恋类型是怎样的。婴儿的依恋类型反映了亲密养育者（通常是母亲）对婴儿需要的回应，以及互动特点如何。安全型依恋的婴儿的母亲对婴儿的需要能做到及时觉察、随时回应，并且鼓励婴儿独立活动，常常进行各种形式的交流，即使婴儿还不懂得运用语言，母亲也会通过各种方式“回答”“对话”，在辛苦的养育过程中传递给婴儿快乐的情绪较多。焦虑－矛盾型依恋的婴儿的母亲更关注婴儿的生理需要，对婴儿的情绪的关注和情感交流很少，婴儿只能通过不停地表示痛苦才能得到安慰。回避型依恋的婴儿的母亲本身并不善于表达感受，比较少地与婴儿进行身体接触，容易愤怒，对婴儿的很多状况手足无措，只能退缩什么也不做。如果父母发现婴儿在人际交往中表现出一些不适应的情况，或许可以从自己与婴儿之间的互动寻找一下原因。

心理学家相信，婴儿依恋的建立是分离焦虑的根本原因。不论婴儿形成了何种依恋类型，婴儿对母亲（亲密养育者）的情感联结的渴望是相同的，只是母亲不同的回应方式让婴儿形成了不同的获取亲密联结的方式。所以当婴儿发现要离开父母的时候，他们都是拒绝排斥的。父母对子女的爱天生而在，却因为元情绪特点不同，对爱的认知产生了差异。如果父母难以改变自己的行为模式，不妨试试将自己对子女的爱尽可能地完全传递，增加婴儿被爱的认知，鼓励婴儿建立更积极的人际关系模型。表达爱的方式不只是语言的表述，还可以通过动作和肢体语言，如拥抱。儿童学会行走，进入学校之后，就脱离了父母的怀抱，似乎父母与子女之间越保持距离，越能证明子女的独立。但是拥抱是最能够拉近距离、建立安全感的肢体语言，拥抱的时候身体内会分泌某种化学物质，使人自然而然产生一种亲密感。拥抱还能减轻伤痛的心理感受，缓解负面情绪，甚至增强免疫力。拥抱的时候，将儿童环抱进怀里，不必有语言，双手也不需要拍打孩子的后背。拥抱时间持续 3 秒钟以上就可以。小天因为临近考试，总是很紧张，妈妈遵照心理教师的建议，每天在小天上学出门和回到家里的时候，都拥抱他一下，不主动和小天谈论关于学习的话题，刚开始的时候，小天很僵硬，在妈妈的怀里并不自然，像是被定住了一样。但是一周之后，小天开始回抱妈妈，焦虑得到了很大的缓解，每天的心情也变得愉快起来。在学龄前，儿童经常表达对父母的爱，父母也很愿意说出那句“我爱你”。但是随着儿童的长大，这句关于爱的表述逐渐被各种要求掩盖了。如果找不到表达的途径，不妨回到孩子小的时候，拿起他的故事书，一起回顾关于爱的故事。绘本《猜猜我有多爱你》中描绘了一只小兔子和一只大兔子的对话，小兔子说：“我很爱你，就像张开的手臂长那么爱，就像我跳的高度那么爱。”然而大兔子的手臂比小兔子张开后更长，跳起来更高，每次大兔子都回应说：“我爱你，就像我张开手臂长这么爱。”似乎它的爱比小兔子的爱要多。但是就是这样一句一句的细语，将亲子之间的爱都表达了出来。

儿童对父母的爱的渴望是无法阻挡的。美国心理学家哈洛曾经将一只小猴子和一个“邪恶”的替代母亲放在一个笼子里，这个替代母亲由特殊的工具制作，它能够给小猴子提供温暖的拥抱，但是不定时地会发射出钝头的铁钉，朝着小猴子发出奇怪的声音，吹出强力冷气，这些举动有时还会弄伤小猴子。替代母亲做出“邪恶”举动的时候，小猴子都会害怕无助地躲到笼子的角落，叫喊着贴紧栏杆，可是当替代母亲的“邪恶”举动结束时，小猴子会立刻回到它的身边，依旧紧紧地抱住这个“邪恶”母亲。这个实验的结果给了很多父母触动，儿童并不介意父母的行为，只需父母的爱。有时父母情绪化地用批评和严厉掩盖了背后的关爱，甚至误以为儿童可以理解父母的深意。与其让儿童去试探和猜测，倒不如将爱直接地展示给你的孩子，可能会换来不一样的结果。

父母对独生子女的爱与对多子女的爱有不同吗？很多教育案例阐明，当家中有了第二个孩子，会给第一个孩子造成各种影响，严重时甚至会产生很多矛盾。很多父母也因此陷入了为难，家里有了小女儿，大女儿的脾气就变得越来越暴躁，经常抢夺妹妹的东西，只要她在家里，妈妈不可以抱妹妹，否则就哭闹，严重的时候还会生病。儿童渴望父母的爱，这份渴望直到长大甚至老去也不曾改变。当家中多出了一个一切都需要他人照顾的弟弟或妹妹，儿童会感觉到失落，不同依恋类型导致他们表现出对父母的冷漠、拒绝，以及对新成员的排斥和试探。小小的弟弟出生之后，家中来了很多人探望妈妈和弟弟，当这些人走后，妈妈都会对小小说，今天的礼物里有一半是送给小小的，祝贺小小成为姐姐，妈妈还会提前和探望的朋友们提示说礼物尽量选择小小喜欢的，到了家中一定要先抱抱小小，再来看弟弟。这样的方式让小小觉得姐姐是一个重要的角色，她得做好才行。此外，当家中的两个孩子发生争执时，要制定清晰的对错判断标准，不以哪个受伤或者流泪多为依据。妹妹抢了哥哥的玩具是错的，需要道歉；哥哥推了妹妹，这是有危险的动作，也要道歉。尊重家中每个成员的空间和物品，可以把生活用品或者玩具、文具贴上标签，这是妈妈的，这是爸爸的，这是哥哥的，这是妹妹的，让儿童感受到公平与尊重。有时家中的第一个孩子排斥弟弟或妹妹可能是还不能适应原本的生活中多出来一个更加弱小的存在，他在睡觉的时候不能挨着妈妈，洗澡的时间要缩短等。这时候，家中可以制定一个“哥哥日”或“姐姐日”，每个月的这一天，父母只带着哥哥出门，恢复之前一家三口的状态，同时也给父母自己放个假，和一个能够清晰对话，不需要时刻抱着的大孩子在一起，甚至听哥哥或姐姐吐槽弟弟或妹妹的幼稚，完全站在哥哥或姐姐这一边。很多父母认为，对待子女总会偏心，总会因为各种原因分配了不同的关注度，孩子小的时候更关注年幼的一个，读书的时候更操心学习不好的一个，孩子长大了更喜欢愿意陪着父母的一个。然而爱是一种情绪，每个子女诱发的父母的爱，就如同不同的事件引发的快乐和悲伤一样，无法对比哪个更快乐，因此也不能对比哪个子女诱发的爱更多。爱有着特定的指向，面对特定的人或事，只有爱与不爱，只能对比对同一个人，在不同时期爱的感受如何，却不能衡量不同的人之间你的爱对哪个更多。因此，衡量对哪个子女的爱更多，是不合理的，也是一个误区。人们的爱并非只有一份，认识了新朋友就要分出去一部分，遇到喜欢的东西也要分出去一部分，导致每个喜欢的事物之间的爱总在变化。不同的人和物之间瓜分的只是我们的注意力，不是爱。因此，不存在“因为爱哥哥，所以爱弟弟少了一些”，也不存在“爱他所以不爱我”这类的情况。澄清了这个界限后，面对不同的子女，父母可以更加从容。

随着儿童的长大，儿童开始体验到各种爱，朋友之间的友爱，师生之间的关爱，以及伴侣之间的恋爱。各种爱的表达和传递建立了儿童的社会关系网络，并且随时为儿童提供帮助和支持，这就是前文提过的社会支持系统。这种支持将伴随儿童的一生。如果将爱按照人生阶段划分，可以分成儿童阶段的依恋和成人阶段的爱情。爱情是最强烈的情绪主观体验，与现实交织在一起，碰撞出很多动人的故事。爱情发生时，大脑内会分泌很多与情绪感受有关的化学物质，产生一种观念陶醉感和兴奋感，但是随着时间的推移，人体内逐渐适应爱情唤醒的生理变化，爱情的体验逐渐消失，有研究表明这个过程持续 6 ～ 30 个月。爱情的体验有时也可能是一种误判，有研究人员发现，当一个人提心吊胆地走在吊桥上的时候，如果正巧遇见另一个外貌上容易引起其好感的人，那么人们通常会把此时的心跳加速、紧张兴奋，理解为是对对方的怦然心动，认为对方很有魅力，进而会对对方萌生爱情。这种情况是因为人们将情绪的生理唤醒和认知判断的顺序颠倒了，出现了错误的理解，以为当时的生理变化是因为遇到的人。

爱情美好而充满诱惑力，不仅是成人，儿童也向往着。很多父母担心进入青春期的儿童出现“早恋”的情况，并且在儿童阶段避免与儿童讨论关于爱情的话题。但是儿童能够通过各种途径接触到相关资讯。即使父母和教师都避而不谈，儿童还是会接触到爱情，并保持对其好奇和探索。爱情并不是成人专属，儿童有着自己关于爱情的理解，爷爷奶奶之间，爸爸妈妈之间，爱情其实就在身边。认知爱请，也是儿童情绪调节系统中的一环。爱情只是情绪主观体验的一种。随着儿童生理和心理的成熟，爱情自然萌发。这个过程与年龄无关。因此父母在怀疑儿童的爱情时，首先考量的应该是儿童的成熟程度，如果儿童的生理和心理还未发育完全，那么并不会产生爱情。如果儿童已经发育完全，就不存在“早”的问题。爱情也许只是一种错误的理解，顺其自然，这种强烈的感情也会逐渐消退。所以，不必这样紧张，父母对儿童“早恋”和“恋爱”问题的关注，也是一种焦虑，是指向未来的一种担忧。仔细想一下，这个担忧一定会出现吗？缓解焦虑的方法其实父母是知道的。

第三节　敌对——需要一个敌人

这原本是个完美的暑假：爸爸帮我盖了一间树屋，妹妹有3个星期的时间都在夏令营里，我加入了全镇最厉害的棒球队。可是杰米搬来了，他成为我最好朋友的邻居，当我在棒球赛上失误时他哈哈大笑，他举办了蹦床派对却没有邀请我。于是杰米出现在我的敌人名单上，并且是唯一名字。我把敌人名单钉在树屋里，他休想进去。爸爸是对付敌人的高手，他说和我一样大的时候也有几个死对头，他用自己的方法消灭了他们。于是爸爸拿出了一本发黄的食谱，里面夹着破破烂烂、字迹模糊的纸片，爸爸要帮我制作敌人派。这就是爸爸的独家秘方。爸爸说敌人派是消灭敌人最快、最有效的方法。我想敌人派一定是很恶心的，所以我找来了一些毛毛虫、石头、嚼过的口香糖，可是爸爸都拒绝了，还让我先出去玩。我在院子里一直听到厨房里各种搅、拌、剁的声音，但是奇怪的是没有恶心的臭味，飘出来的却是香香的味道。敌人派做好了，看上去和普通的派没有区别，而且好像很好吃的样子。爸爸说如果敌人派很难闻，敌人是不会吃的。

然后爸爸说要想敌人派发挥作用，最重要的是需要我用一整天的时间和敌人待在一起，并且要对敌人很友好。虽然我并不愿意，但是只要一天的时间就可以让杰米消失，还是值得的，只是不知道敌人派最后会让他大哭，还是头发掉光。于是我来到杰米家，杰米看到我也很吃惊，我紧张得要命，问他要不要出来玩，他有一丝疑惑，但是很快就答应了。我们一起玩了篮球、蹦床、骑脚踏车、灌水球，为了对他友好，我故意让他赢。而且我还在杰米家吃了午饭，下午的时候杰米看到我的树屋，他问我可不可以进去玩。那是我一个人的树屋，妹妹和爸爸我都可以拒绝，况且杰米是我敌人名单上的人，可是杰米教我扔回力镖，让我玩他的蹦床，还请我吃饭，是不是也不能算真正的敌人呢？最后我还是答应了。我和杰米在树屋里度过了很愉快的下午。晚饭的时候，爸爸做了我最爱的通心粉，也是杰米的最爱。之后爸爸拿出了敌人派。我大声地告诉爸爸："我有个新朋友，他真的很棒！"可是爸爸只是笑笑点头，他一定以为我在演戏，可是我真的觉得杰米没有那么坏了。爸爸把敌人派放在我们面前的盘子里，还放了一大勺冰淇淋。我开始发慌了，我不想杰米吃这个派，他现在是我的朋友，不是我的敌人。于是我阻止杰米："这个派很难吃，说不定还有毒。"杰米果然停住了，我松了一口气，觉得自己救了他的命。可是杰米问："为什么你爸爸已经吃掉那么多了？"爸爸嘴里塞满了派，笑个不停，什么事情也没有发生。杰米也吃了起来。我尝了一小口，敌人派真的好吃极了。最后我的敌人消失了，因为他变成了我的朋友。

——故事摘自绘本《敌人派》

当儿童描述一天的经历时，有没有苦恼愤恨地诉说自己最讨厌的某个人呢？他的样子、举止、穿的衣服、梳的发型，都让人讨厌。成人希望儿童在和谐美好的环境中长大，但是生活中有很多与儿童想法不同、行为不能理解甚至立场完全不同的人，当儿童感到被冒犯，无法与之友好相处，敌意就出现了。

敌对是一种儿童阶段出现的复合情绪，是在遭受挫折和阻碍，引起强烈不满时表现出来的一种仇视和对抗。儿童的敌对情绪不是天生就有，它与社会化和认知评价、认知判断有关。敌对情绪由愤怒情绪转化而来，其中主要包含愤怒、厌恶和轻蔑 3 种情绪。愤怒是在持续的痛苦体验下发生的，是当自己有权利做的事情被阻止而体验到的一种情绪；厌恶是当人们的纯净感被侵犯时的一种体验，包含饮食和环境方面的厌恶与道德上的厌恶；轻蔑是当面对强大危险的对手的时候，以“我比对手强”的信念去对付对手的一种情绪。可见，敌对是完全的负面体验。儿童的敌意指向很多人，如班级活动中有不同想法的另一个负责人，和我的好朋友更亲密的其他同学，做事不公平一直偏心别人的教师等。在这种敌对情绪下，会影响理智判断，出现冲动不合理的行为，尽管敌意指向的是他人，但是在内在体验到的是持续的不良体现，这种负面心理体验会导致消化系统和免疫系统的疾病，甚至还会导致忧郁类的心理问题。缓解敌对情绪是很重要的，然而所有的敌人都要像前文故事中一样化解吗?

情绪是儿童对人际交往情况的直接反应，敌意中更掺杂了儿童的价值判断。愤怒的部分表明了儿童被限制的自由，而厌恶的部分表明了儿童的价值判断。儿童大约在 4 岁以后表现出比较明显的厌恶情绪。研究发现，厌恶由两个部分组成：原始厌恶和道德厌恶。原始厌恶来自难闻的气味，恶心的、肮脏的物品，排泄物等。但是这种原始厌恶取决于物品本身是什么，而不是其散发的味道或者形状等属性。就像是臭豆腐之类的小吃，虽然气味本身是刺激性的，但是人们认为这是一种美味，并不会厌恶反而很追捧。有时父母会发现，在某个时期，儿童之间流行那些看上去恶心甚至恐怖的物品，如排泄物形状的糖果、能够流出鼻涕的玩具、血淋淋的仿真内脏摆件等。这些物品通常会令人恶心，但是在儿童眼中使用它代表了一种勇敢和另类。同时这些物品本身是制作出来的，并非真实的，也降低了厌恶感。道德厌恶是对违反道德和社会规范的语言与行为的厌恶。道德厌恶与社会文化背景有密切的联系，不同的时代可能会有不同的立场和感受。儿童与父母之间对于大众文化的道德认知基本一致，但是对于小众流行中的规范可能难以达成一致，如关于追星、关于衣着、关于化妆等。有些在父母的价值体系中是违反道德纯粹的行为，在儿童的眼中可能并不认同。这个矛盾在儿童进入青春期，追求独立自主时尤为明显。厌恶情绪导致的结果是躲避和回避。厌恶情绪具有传染性，厌恶的人或物碰触过的物品，也会被认为是令人厌恶的。例如，蟑螂爬过的盘子，即使消毒清洗，人们也不会愿意再次使用，罪大恶极的杀人犯戴过的帽子也会被人们排斥。当儿童对某人产生厌恶的感觉，会拒绝靠近和接触。

而轻蔑的部分表明了儿童对自己的期待与对他人的偏见。轻蔑是在认知评价的基础上出现的，伴随着嫉妒和怨恨。儿童对轻蔑的对象的评价都是极端的、贬低的。儿童通常会远离轻蔑的对象，与之保持一定的距离，但是也会有管制的意向，希望能够清除或者重塑他们。引起儿童轻蔑情绪的对象，在儿童认知中是能力低下、等级不同的，与自己的价值标准不同甚至冒犯了这个标准。但是研究发现，轻蔑情绪常常在同层级但是距离较远的人之间出现。例如，熟人、同事、校友、小区邻居以及大家族中的成员等。研究人员认为，其实人们和自己的轻蔑对象有很多共同点。经常表现出轻蔑的人，会表现出一种“防御性的高自尊”，即言行看上去像是自尊很高，但是很容易被外界的评价影响，内心深处的自我评价并不高。婴儿期的依恋类型属于回避型，儿童的轻蔑并不是骄傲，反而暴露了自我的脆弱。

儿童的人际交往并不会一直顺利，面对与自己不同的人、不能理解的信念和不同的立场，敌意是儿童面对人际交往困境的一种抗议。由于厌恶和轻蔑的交织，儿童对他人的认知和判断都是负面的。在愤怒的影响下，儿童有可能产生语言和行动上的攻击，但是厌恶驱使儿童远离，轻蔑则让儿童与之保持距离，因此大部分儿童的敌意都是意向多于行为。当然，有的儿童在无法回避的时候，也会采取心理和情感上的伤害。例如，不让杰米进入树屋，拒绝对方的任何诉求，用冷笑、白眼、斜视的表情面对对方，孤立和远离对方。儿童不论采取何种方式，都会被这种敌对情绪困扰，同时让自己陷入苦恼。儿童的敌意可能有些道理，也可能证据并不牢靠，这与儿童的主观判断有很大关系。如果其中发生了某种误解，或许可以像前文的故事一样化敌为友。如果儿童并不能接纳这个敌人，敬而远之也是一种策略。令儿童产生敌意的人或事，如果有了父母的帮助，总会找到解决办法。回到情绪调节本身，如果儿童想要缓解自己感受到的敌对情绪，可以尝试这样几种调节策略：第一，控制表情。当听说或面对敌人的时候，控制自己不要出现厌恶或者轻蔑的神情，努力做到普通的表情。第二，改变对对方的判断。不是完全扭转，而是告诉自己：事情并不完全是我想的那样。适当改变自己设定的原则和界限，避免走进绝对化的不合理信念。第三，顺其自然的遗忘。随着知识和经验的增加，儿童还会接触到更多的人、更多的事，7 岁时的敌意，在 10 岁时可能早已抛到了九霄云外。

儿童的敌意可能朝向某个人，可能朝向某个具体的物品或者某件事。具体的表现包括挑食、厌学以及故意违背成人的意愿、与弟弟妹妹争吵等。面对儿童的种种敌意，父母一定不能忽略儿童隐藏在情绪背后的需要。有时这个需要只能由父母去发现，发现儿童正在社会化过程中遇到的阻力。有研究人员相信，儿童的坏习惯、不遵守规则、排斥学习都是一种无声的反抗，用敌对坚持自己的界限。很多家长苦恼儿童的不听话，每天的对话都像是和一头小狮子在对抗。那么需要再次强调一个立场，儿童的情绪感受和情绪调节是以儿童为主导的，如果父母的困扰是觉得儿童的种种对抗行为让自己苦恼，那么需要调整情绪的其实是父母自己。寻找与儿童的沟通方法，而不是以此证明儿童有敌对情绪，需要调节。从儿童的角度，儿童的感受可能不是对抗，只是悲伤和压抑。如果儿童因为每天想着自己的“敌人”，满腔愤恨和厌恶，不知道该怎么办，那么儿童需要情绪调节。

很多教育研究人员将父母与子女之间的关系形容成一场博弈，不断相互试探彼此的界限。儿童并不能够马上理解父母的立场，有时儿童会表达出对父母的不满，甚至说：“我讨厌爸爸！我恨你们！”这句话一定会让很多父母伤心无比，瞬间不知道该怎么办。回想对敌对情绪的分析，这句话正是儿童的攻击。如果这句话也引起了父母的愤怒，恐怕结果会走向一个彼此都受伤的结果。既然这是儿童的攻击，那么干脆忽略它，不做回应，让儿童看不到这句话攻击的力量，自然就会放弃了。如果父母当下还是想要回应些什么，可以告诉你的孩子：“听到你这样说，我很遗憾，但是不论怎样，我都是爱你的。”父母可能会觉得当下我已经受伤了，还怎么可能这么冷静地处理呢？那么强调原则，而不是自己的委屈：“我知道你不高兴了。但是这涉及安全，就算你不愿意也不行。而且，我希望你告诉我你的想法，而不是使用这些伤人的话。”如果希望儿童就事论事，那么父母也要贯彻这个规则。要知道，儿童反抗的只是对他的限制，并不是父母。

儿童会因为他人冒犯了自己的价值理念而产生敌意，同样地，儿童也会因为自己的价值理念被他人认为是冒犯的而感受到来自他人的敌意。那么这时要调整自己的认知判断还是坚持到底呢？关于世界、关于自己、关于未来、关于过去，有太多的观点。有一个女孩热衷于哥特式风格，每天的衣着打扮在同龄人中显得很另类，所以很多同学远离她，甚至议论批评她。作为她的父母，要怎么做呢？没有朋友孤单的感觉很糟糕，但是要结交朋友却要否定自己。按照大多数人的喜好妥协了的话，如果有一天这个女孩现在的喜欢成了流行，又该怎么办呢？女孩也许也很纠结，直到有一天回到家里，她发现爸爸把家里的房子改成了哥特式风格。对与错，如何选择，困扰着儿童，也困扰着成人。女孩想要加入足球队，男孩喜欢洋娃娃，为什么不可以呢？或许没有对与错，只是思维定式罢了。父母常常感慨现代的儿童接触到了太多的信息，甚至萌生了很多不可思议的想法。如果这些想法没有违反法律和道德，只是过于小众，那么需要改变自己而追随大多数吗？如果是他对一个与自己价值理念不同的人表现出排斥和敌意，那么需要改变自己而包容小众吗？怎么都是让我们的孩子改变呢？面对这其中的偏见和感到被冒犯，一定要区分对错，对的要赞扬，错的必定要惩罚，这种想法似乎过于绝对化，陷入了不合理信念中（详见第三章第四节）。对和错是相对的，都有存在的意义，那么就出现了另一个角度：尝试让儿童学会运用包容。包容，也就是尊重所有的存在。如果我不能理解，这只是我的想法，并不影响你的存在。即使是敌人，我尊重你和我生活在同一个空间的权利，我尊重我的敌人，我允许自己有一个敌人。毕竟，比起拥有一个敌人，让整个世界的人都成为朋友太难了。

第四节　抑郁——告诉我，发生了什么

抑郁是持续一段时间的心境低落，抑郁情绪发生的时候，人们会感到心情烦闷、郁郁寡欢，苦恼却找不到解决办法，忧伤却找不到方式排解，心烦意乱，状态不佳，做什么都提不起兴趣。抑郁是很重要的复合情绪，同时也是痛苦的，当人们无法改变也无法摆脱那些负面的生活事件时，痛苦持续并转化为抑郁，此时的人们对世界和对自己都有一种厌恶的、愤怒的感觉，但是却无能为力，只有忍受，导致丧失自信、陷入自责。

儿童在婴儿阶段已经有抑郁情绪反应，当母亲离开，婴儿会不断地啼哭寻找母亲，情绪一直处于难以平复的状态。然而这种情况持续约一周之后，婴儿的啼哭转换成低声的啜泣，探索行为退缩，对周围事物兴趣减退，甚至食欲下降，体重不再继续增加，出现身体的不适。此时婴儿便出现了抑郁情绪。但是婴儿的抑郁情绪大多能够自我生理调节，逐渐地恢复食欲和兴趣。随着婴儿的长大，在学龄期，当儿童遇到学业上的失败、身体健康出现问题、人际关系不良、父母期望过高、生活环境和家庭结构改变等负面改变时，抑郁情绪也会随之发生。儿童的抑郁表现包括情绪恶劣、敏感、孤单、焦虑、常发脾气，认为自己很笨，没有优点，会有自责自罪的想法，对一切的活动、人和事物都不感兴趣，拒绝参与，食欲下降，疲惫无

力，多动，对学校感觉恐惧等。引发抑郁情绪的最初事件往往是失败的，是儿童无力改变的，这种无力让儿童产生痛苦、内疚、自责，陷入抑郁，而抑郁状态导致儿童行为退缩、情绪减退、不想做事，但什么也不做事情自然不会好转，这又强化了“我没用，我太笨”的想法，抑郁再次加深……如此循环往复持续下去，儿童就陷入了持续性的不良体验。

抑郁近来被众多的人关注，主要是因为抑郁症导致了很多糟糕的结果，那些自伤自杀的记录让人们惧怕排斥抑郁。然而抑郁情绪并不等于抑郁症。抑郁情绪是一种正常的情绪反应，对儿童的成长有着重要的意义。大约 12% 的人都会体验到一段时间的抑郁，其中大部分在 6 个月左右的时间之后会逐渐缓解。而抑郁症是以抑郁情绪为主要表现的一种心理障碍。长时间地处于抑郁情绪不等于患上了抑郁症。抑郁情绪是对特定生活事件的反应，但是抑郁症情绪低落的原因往往并不清晰。抑郁症的诊断，首先需要进行是否患有心理障碍的区别诊断，然后根据近期的情绪行为特点，参照 CCMD-3（中国精神疾病诊断标准第 3 版）中的症状进行诊断，此外还需要参考病程时间和社会功能受损的程度，以及与其他的病症做排除诊断。有的成人养育者只参照 CCMD-3 的症状便对自己或者儿童做出抑郁症的推论，这是不合理的。如果担心自己或他人患了抑郁症，可以对照抑郁症的典型症状简单自查，如果大部分符合，则需要寻找专业的临床精神科医生进行准确的诊断和治疗。抑郁症的典型症状是“三无”“三低”和“三自”。“三无”是感觉孤立无援，对现在和未来无望甚至绝望，感到自己做的所有事情都是无用的、没有价值的。“三低”是指情绪低落，思维低速迟缓，意志降低减弱。“三自”是指过分的自责夸大犯下的过失；虽然说不清楚原因，但是坚信自己犯了罪，过错严重，对不起所有人，受到严惩才好；想要结束自己的生命，甚至进行自伤自杀的计划。尽管抑郁症属于异常心理问题，但是就像其他的身体疾病一样，只要与专业医生配合，在家人朋友的支持下，它是可以得到很好的改善并治愈的。

如果儿童陷入抑郁情绪，可以通过一些尝试进行自我调节：第一，所有的情绪出现都是合理的，抑郁已经出现了，就给自己一个自愈时间，在这段时间内允许自己软弱、悲伤、厌世，允许自己什么也不做，就和抑郁情绪在一起，最重要的是还需要设置一个结束时间，在结束时间到来之后，要开始进行自我反思，转变自责自罪的想法，寻找解决问题的办法。第二，针对情绪的周期性特点，那些在情绪周期内的抑郁情绪可以通过温暖舒适的阳光来进行调节，晒太阳，通过身体的舒适提升心理的舒适感受。第三，有规律的运动和固定时间的规律睡眠，对于轻度抑郁有很好的改善效果。第四，有研究人员发现，养宠物、与宠物互动可以在一定程度上缓解儿童的抑郁情绪。第五，与信任的人倾诉痛苦的感受，将无助释放出去。那么当儿童和你倾诉自己的抑郁，要如何回应呢？心理学研究人员总结了几种回应，可以参考下页表。

倾诉内容	应该的回应	不应该的回应
我觉得我抑郁了。	为什么？快告诉我是怎么回事？	你有什么好抑郁的？你又聪明又好看……
我早晨都起不来床。	为什么会有这种感觉？今天有什么令你担忧的事情吗？	别这么懒惰，整天躺在那里有什么用。
我太累了。	我们回家吧，我给你做好吃的，然后聊聊你今天的经历。	你不是一整天都在坐着吗？
有时我真的不想活了。	你对我太重要了，我无法想象没有你的生活。	别这么说！你知道父母做了多少努力才有你的今天吗？
（叹气）唉，妈妈。	你今天过得怎么样？	你吃饭了吗？冷吗？去健身房了吗？工作怎么样了？
我压力很大，很迷茫，而且不知道该怎么办。	你不是孤单的一个人，我会给你建议。	谁都这样。

“我觉得我抑郁了！”这并不是在寻求诊断，而是一个求助的信号，代表对方正在承担某些压力，并且感受到了痛苦，自己想解决却不知道该怎么办。其实每个情绪背后都藏着一条暗示。当儿童对你说出这句话，比起拿出诊断依据说“你好得很”，不如和他找一个舒服的地方坐下，听听他的想法。也许父母也会被儿童的抑郁心境感染，不知道该怎么回应，没关系的，靠在一起，说累了就睡一会儿，我们都需要缓解一下疲惫与无力。

第五节　自我意识情绪——谁才最了解我

复合情绪反映了儿童社会化过程中人际互动的关系和对世界的探索进程。其中依恋和爱与他人和儿童之间的关系有关，焦虑与儿童的控制感有关，敌意与儿童的界限有关，这些都指向了儿童与外在世界的关系。随着儿童对自己认知的增加，逐渐产生与自我评价有关的情绪，也就是自我意识情绪。自我是儿童在成长过程中形成的，是儿童对自己状态的认知，包含对自己的独立性、社会角色的评价，同时也包含了行为标准、规则等。自我意识情绪反映了儿童对自己的态度。自我意识从儿童 2 ～ 3 岁形成“我”的概念时开始出现。当儿童对事件的感知加入了反思，从自己的角度寻找原因，自我意识情绪就出现了。自我意识情绪包含自我的认知和评价，自我认知评价升高和降低时，会感觉到不同的情绪。和其他情绪比起来，诱发自我意识情绪的特定刺激并不明显，但是认知加工过程相对复杂，而且自我意识情绪没有明显的可以识别和检测的表情，通常依靠整体的身体姿态和动作识别。

自我意识情绪对儿童的行为进行调节，是儿童对自己行为进行监控和约束的重要环节。儿童在成长过程中会对自己设定某种目标和期待，当这些目标和期待符合社会规则，儿童体验到自信和自尊，甚至当得到夸奖和称赞的时候，就会有一种自豪和自傲的情绪。但是当目标和期待不符合社会规则，甚至违背了某些准则时，就会导致羞愧、内疚的情绪发生。自我意识情绪促使儿童以一种符合社会道德规范的方式进行人际交往，更好地完成社会化的进程，并且获得一定的归属感，被自己和他人接受。此外，自我意识情绪鼓励儿童追求自我价值的实现。

尴尬是一种自我意识情绪，在看到这两个字的时候，人们就会有一种不自然的感觉。尴尬情绪包含了紧张、别扭、难为情、不知所措的体验。通常有 4 种类型的情景会引发尴尬：失礼和违背社会习俗（例如，不小心碰倒了公共场所的东西，忘记某个人的名字，别人都穿着校服但是自己穿得很随意，无意间发现他人的隐私等），两难的棘手情景（例如，刚刚借出去的书不得不要回来），成为大家关注的焦点（例如，在亲戚面前唱歌，课堂上被叫起来回答问题，被当众夸奖等）和共情性尴尬（看到他人处于尴尬情景时也会引起自己的尴尬）。2 岁左右的婴儿逐渐出现尴尬情绪；4 岁时他人的表扬、某个任务的成功和失败都会引起儿童的尴尬情绪。尽管此时的儿童能够识别和理解尴尬，但是在 8 岁之后他才能用语言恰当地表述出自己的感受是尴尬，在 10 岁之后，尴尬情绪的理解和表达进入快速发展的阶段。青春期儿童的尴尬情绪最频繁也最强烈。但是成年后，尴尬的体验越来越少。尴尬情绪没有明显的性别差异，男生和女生对尴尬的理解、发生情景和感受是基本一致的。尴尬发生的时候，其外在行为常常以一种特定的顺序出现：频繁的目光躲闪，逃避眼神接触，言语中断，触摸脸部或者用手遮住眼睛，紧张地傻笑，传递出来的是一种不想被看见的信息，有时还会低下头或者干脆走掉。

尴尬是一种偏负面的体验，但是尴尬情绪却发挥着保护性的作用。有研究发现，当有人做错了事或者做了不合适的、冒犯的行为，比如，损坏了私人物品，水洒在了衣服上，表现出尴尬情绪的人更容易被谅解。面对犯错的儿童，如果他表现出尴尬，惩罚和批评的程度都会减弱。尴尬情绪传递了一种信号：我的行为不是故意的，我很在意你的想法。对方的尴尬会降低当事者的愤怒，能够在某种程度上将冲突的紧张气氛转化为礼貌的气氛，人们也更愿意接近看上去尴尬的人并提供帮助。但是如果父母认为儿童就是故意犯错，儿童的尴尬并不会发挥太大作用。尴尬能够帮助儿童修复不良关系，建立良好的人际关系。引发尴尬的情景是失礼的，并且违背了社会习俗，但是并没有违背社会道德。儿童在成长过程中，对自己的社会角色有某种预设和预期，当儿童的行为或者所处的情景破坏了这个预期，或者有可能会引起他人不可预估的评价时，儿童就会感到尴尬。但是如果儿童对自己有足够的信心，尴尬就会出现比较少。需要注意的是，成为关注的焦点也是儿童尴尬的原因之一。儿童最开始产生尴尬情绪就是暴露在大家的关注中，不论此时的关注是积极的还是消极的。父母常常会对儿童提出在公共场所成为焦点的要求，儿童拒绝，父母会理解为儿童害羞、缺乏勇气或者礼貌性地回绝，但是也有可能是因为儿童无法预估他人的评价而产生的尴尬。尽管儿童的尴尬并不会持续太久，但是经历尴尬情绪后，儿童对自己的评价会发生变化。

羞愧、内疚和尴尬 3 种情绪常常进行相互比较，因为这 3 种情绪的诱发情景有相似之处：糟糕的表现。当糟糕的表现增加了公众关注的机会，并且行为出错的原因并不能归咎于自己，此时的情绪是尴尬；但是当糟糕的表现是因为没有成功实现预期，不论这种预期是自己的，还是他人期待的，一旦任务失败，则会引起羞愧的情绪；当糟糕的表现违背了社会道德，如果伤害到了他人，人们会感到内疚，若是损害到了自己，人们会感到后悔。在主观体验方面，尴尬虽然让人感到不舒服，但是人们还会感觉滑稽可笑，甚至谈及时会自嘲，感受也比较轻松。羞愧和内疚的情绪只会更多地让人感到厌恶和愤怒。尴尬的时候，大多数情况下旁观者以陌生人居多，但是当被亲人朋友关注时，羞愧和内疚感会更强烈。3 种情绪对自我的判断感受完全不同，是彼此独立的情绪。

儿童的羞愧从失败和失误开始。儿童将失败归咎于自己的能力不足，会有一种强烈的、痛苦的体验，这就是羞愧，也叫作羞耻感。儿童羞愧时会有深深的无力感，行动上想要逃避和退缩，也会尝试各种方法摆脱这种情绪，例如，寻找新的角度解释任务的失败，努力地压抑并隐藏情绪，但是往往难以摆脱。因此，羞愧情绪常常引发焦虑和愤怒，他们觉得这些糟糕的结果是无法改变的，局面难以掌控。羞愧的诱发事件可能是大家都可以看到的失败，也可能只是发生在儿童内心的某个期待落空。大约 5 岁的时候，儿童逐渐理解并表现出羞愧情绪。羞愧与道德感有很大的相关性，羞愧会阻止儿童做出违反道德的事情，并努力使自己的行为符合他人和自己的期待。儿童的羞愧与成人的直接刺激相关，成人养育者尤其是父母的消极评价会激发羞愧的情绪。很多父母在教养过程中也期待儿童能够感觉到羞愧，以此来约束儿童的行为，遵守规则。父母认为感到羞愧才能意识到自身的问题并改正，才会去追求荣誉。有研究发现自尊心比较强的儿童，常常体验到羞愧情绪。但是羞愧情绪本身并不会促进行为，反而是一种退缩，父母在运用羞愧激发儿童的动力时，需要与儿童对事件进行客观的分析，并充分运用鼓励的技巧。

与羞愧情绪比较相近的另一种自我意识情绪是羞怯，也被称为害羞，经常发生在人际交往的情景中。父母比较担心儿童的羞怯，认为这是儿童的适应不良，不擅长社会交往。其实这是一种误解，适当的羞怯是一种正常的情绪反应，只是表明儿童对社交过程的感受不同。儿童的自我发展完善与否并不以羞怯表现为衡量标准。羞怯与性格特点有关。儿童阶段常常产生羞怯，并且随着年龄的增长会有变化。如果儿童只是在交往中表现出适度的羞怯，而非因为过于紧张拒绝人际沟通，父母遵循儿童的个性发展规律就好。

当人们经历了失败和违反了社会道德，并觉得伤害了他人，内疚的情绪就会出现。与羞愧不同的是，内疚促使人们采取行动，如道歉、修正失败或避免再次犯错。内疚和羞愧常常是交互的，令人内疚的行为也会让人感到羞愧，但是羞愧并不会转化为内疚，内疚的感受相对弱一些。人们感到内疚时只针对自己的某种行为，常常对自己说要是没有做这件事就好了。在自我评价方面，并不会认为自己是没有能力的，只是觉得某种行为有错。有研究发现，儿童的内疚情绪会促进助人的亲社会性行为，为了弥补过错和对他人造成的伤害，儿童会主动地采取一些行动。正是这种主动的行动使得内疚感比较容易摆脱。而且，内疚并不会让儿童慌乱，他们通常会寻找解决问题的方法。在小学阶段，儿童内疚情绪引发的亲社会性行为较多。内疚同样与道德感的形成有很大关系，儿童越接纳道德准则，一旦破坏，内疚感就越严重。而内疚体验较少的儿童行为更倾向于以自己的利益为先，很难做到体谅他人。然而内疚事件并不都是能够采取行动弥补的，如果无法向被伤害的他人道歉，也无法采取行动，人们会采取惩罚自己、拒绝让自己快乐的行动。心理学家称为“幸存者内疚”，通常这种情况与大的灾难事故有关，比如，某人在某次事故或者灾难中幸存，产生了“为什么死的是他们而不是我”“如果他们不开心我也不能开心”这种不合理的逻辑。这种情况在父母幸存而孩子遭受伤害的时候尤为常见。有的父母因为孩子在医院去世，指责医生；因为事故中自己获救而孩子去世，父母甚至选择自杀等。

羡慕、嫉妒和妒忌都是儿童与他人进行比较、发现自己存在不足时感受到的情绪。凡是儿童觉得有价值、能够激起内心的渴望，但是又暂时无法拥有的人或物，都会引起羡慕的情绪。羡慕的体验并不好，提及羡慕情绪，基本每个人都会提及对他人的羡慕，很少有人会自诩是被他人羡慕的。羡慕情绪有 4 种表现形式：钦佩型、矛盾型、攻击型和抑制攻击破坏型。钦佩型羡慕情绪的儿童愿意承认自己的羡慕，对羡慕者心怀敬意，提及向往的事物充满愉悦，甚至会努力地提升自己，这是一种积极的体验；矛盾型羡慕情绪的儿童不愿意承认自己的羡慕，甚至在内心压抑和排斥这种感觉，他们希望自己不会对他人的优越之处有渴望，所以内心感受是挣扎矛盾的；攻击型羡慕情绪的儿童攻击羡慕的对象，故意贬低诋毁，此时的儿童并不会采取自我提升的行动，反而用这种贬损的方式来缓解内心的焦虑；抑制攻击破坏型羡慕情绪的儿童则完全沉默，儿童不会承认，也不会诋毁，感觉像是对那些优势的部分不感兴趣。羡慕既可能会激发儿童努力，也可能会引起攻击性行为。

嫉妒在人际关系中发生，通常涉及3个人，当儿童看到妈妈抱起别的孩子，儿童会嫉妒。嫉妒包含了焦虑、悲伤和怨恨等感觉。儿童的嫉妒从很小的时候就开始发生，儿童在有了自我意识之后，会经历以自我为中心的阶段，他们认为自己独享父母的宠爱和称赞，也希望自己是备受表扬的。此时儿童还不能理解他人，所以最初的嫉妒是儿童的一种自然的情绪反应。但是随着儿童自我的发展，再次感受到嫉妒，是因为担忧自己拥有的关系或者物品会失去，同时也担忧他人会得到属于自己的这部分关系。双重焦虑之下，嫉妒成为一种负面的体验，长时间的嫉妒体验还会带来生理上的不适。儿童担忧的关系可能是目前属于儿童的，比如，妈妈是教师，就觉得妈妈班级里的学生抢走了自己的母爱；爸爸是儿科医生，就焦虑那些儿童患者抢走了爸爸对自己的关爱。也有可能目前还不属于儿童，例如，希望成为某个同学最重要的好朋友，但是发现他的同桌好像抢先一步成为他最好的朋友。在这种失去的焦虑之下，儿童充满防范，患得患失。儿童会有两种方向的行动，一种是贬低对方，强调对方不值得拥有这份关系；一种是努力让对方嫉妒自己，儿童会“受伤”以博得父母更多的关注，让核心关系中的那一方倾向于自己。

妒忌同样发生在他人比自己拥有更好的成就、更优越的条件、更好的物品和能力时，与羡慕不同的是，妒忌还伴随着自卑、敌意和怨恨，内心期待着他人失去这些令自己羡慕的东西。妒忌发生在相似群体中，儿童会妒忌自己的同学、兄弟姐妹或同龄人。妒忌的产生代表儿童认为自己做不到那么好。研究发现，儿童的妒忌在 6 ～ 8 岁出现得比较多，随后逐渐减少，这可能与儿童自我认知的发展有关，当儿童能够从更加客观和全面的角度认知自己时，自卑和敌意降低，妒忌也就减少了。妒忌对儿童行为的影响有两个方面，一方面促进儿童自我提升，因为不希望他人表现得比自己好，所以不断提高对自己的要求；另一方面会导致一些欺骗和攻击性的不道德的行为，在对方遇到困难时还会幸灾乐祸、暗自高兴，故意疏远对方。

每个人都在自觉或不自觉地与他人进行外在和内在的比较，通过比较了解自己。当发现他人比自己更优越，甚至会威胁到自己拥有的关系和珍惜的事物时，羡慕、嫉妒和妒忌就产生了。在儿童的日常生活中，若儿童由于出现了不良行为和不良体验，影响到儿童的人际交往和自我判断，父母可以从如何认知自己与他人、如何合理对比的角度帮助儿童调节此时的负面感受。

自豪是自我意识情绪中一种具有积极良好体验的情绪。当人们获得了某种成功，并且认为这种成功是自己的某种具体行为促成的，就会感到自豪。这里有两个自豪产生的要素：首先这是一件好事，事情的结果会带来一定的声望和好处，同时，自我评价指向积极的部分。自豪与任务的难度有关，如果儿童参加了一个十分严格的竞赛，经过层层选拔，一路过关斩将，最后获得了第一名，那么儿童会体验到强烈的自豪感，但是如果这个竞赛赛制简单，获奖名单是随机产生的，甚至是人人都有奖励，那么儿童就不会有自豪感。如果儿童对自己的能力认知是远远超出这个比赛要求的，那么儿童的自豪感也会很小。另外，如果儿童对这个比赛的内容并不感兴趣，自豪感也会降低。研究人员发现自豪和自信有很大的相关性，如果儿童在具体的事件中获得了自豪感和成就感，在进行其他事情的时候成功率也会增加。当儿童在对自我进行积极评价的同时，对他人采取了消极评价，自豪就转变为自大。自大并不是成人养育者期待看到的儿童表现。父母期待儿童能够对自己的成就产生合理的积极评价。自豪受社会文化影响，在强调集体和合作的团队中，能够为集体带来荣誉的自豪是备受推崇的。当儿童在运动会上为班级赢得了长跑的第一名，可能会比儿童自己的兴趣特长获得奖项的自豪感更强。

自我意识情绪随着儿童自我的发展，主观体验会有所不同，因此关于自我意识情绪的调节策略主要集中在认知调节的方向，即更客观、更准确地认知自己，处理自己与他人的关系。首先，合理认知自我。儿童通过他人的评价、父母的态度，建立关于自己的概念。但是他人的评价并不完整，父母的态度有时也不够客观。当儿童对自己出现误判，就会陷入自我意识情绪的不良体验中。心理学中认为每个人的自我由 4 个部分构成：公开的自我、盲目的自我、秘密的自我和未知的自我。公开的自我是自己很了解、他人也很了解的、比较公开透明的自我，儿童表现在所有人面前的特点就是公开的自我，比如，性别、年龄、学校、爱好等，这些是儿童不需要隐藏也无法隐藏的自我内容。盲目的自我是他人能够发现但是自己并不清楚的部分，通常是儿童不经意的习惯和行为倾向，可能是优点也可能是缺点。通常父母、教师和亲密的朋友会发现，而且当告知儿童的时候，儿童常常是讶异和怀疑的。当儿童陷入自我羞愧、内疚和嫉妒的时候，尤其需要让他们发现盲目的自我。此时的告知要有理有据。有时父母根据儿童的某种行为就断定儿童的想法，认为儿童是不适应环境的，或者是冲动的，也有可能是误解。所以关于儿童盲目的自我的探索需要避免将虚假的以为错当成了儿童的特点。秘密的自我是只有儿童自己了解、他人并不了解的部分，属于儿童的隐私和秘密。每个儿童都有秘密，适当地保留一些秘密有利于儿童的心理健康。秘密并不一定只能自己知晓，儿童常常和不同的朋友之间交流不同的秘密，这就增进了儿童的人际亲密。但是如果儿童心中堆积了太多的秘密，会阻碍儿童的交往。可以适当鼓励儿童为不同的秘密寻找相应的分担对象。未知的自我是自己和他人都还没有觉察到的自我，是在特定情景下可以激发的特质，需要经过一定的练习可以展现出来的自我。父母习惯了管理儿童的日常，在一定程度上限制了儿童的探索。有很多鼓励儿童进行尝试的方法：去游乐场的时候，由儿童导航，选择公交路线并区分不同的站点；出门旅行的时候，由儿童规划某天的行程；让儿童管理一个月的家庭支出；等等。为了更好地认知自我，儿童需要增加公开的自我，减少盲目的自我，适当保留秘密的自我，探索未知的自我。其次，悦纳自我。不论儿童的优点、缺点如何，情绪调节的能力如何，都接纳和包容自我。毕竟儿童还处于成长阶段，认知、思维、喜好都还在变化中。有一位心理学家小的时候因为搬家，觉得自己和新学校的同学喜好差异很大，所以很长一段时间没有交到朋友，她并没有急于改变自己，而是依旧专注于自己的爱好，保证自己正常的学习和生活，直到她升入中学，有了新的兴趣点，同时也结交到了新的朋友。因此她告诉家长们，儿童的成长与变化不是朝夕可见的，完全地接纳他，接纳自己现在的阶段，更有利于儿童的健康。最后，探索和重塑。儿童走在成长的路上，设定的目标和对自己的期待会有不切实际的情况，鼓励儿童的探索精神和坚持的毅力，慎用质疑。被父母或者他人告知自己适合做什么，能做到什么，往往不被信服，也不一定准确，毕竟儿童还有未知的自我是没有被发现的。

尽管儿童的情绪能够细分成不同的种类，但是儿童的情绪感受向来是交织在一起的。不愿去幼儿园，可能因为与父母的分离焦虑，可能掺杂了弟弟因此会独占妈妈的嫉妒，可能有对新生活环境的不适应……尽管能够总结出儿童行为的一般性特点，但是每个儿童都是独立的、特别的存在，没有任何情景是可以准确地预测儿童的情绪感受和认知评价是如何的。情绪自儿童出生就与儿童在一起，随着儿童的知识增加、社会交往经验累积以及自我认知的成熟逐渐稳定，并且可以调控，甚至帮助儿童面对困境，迎接生活的挑战。直到儿童成年、老去，情绪依旧陪伴着儿童。情绪反映了儿童当下的感受，也努力展示出儿童的需要和渴求。认知儿童的情绪、学习调节情绪，从来不是要摆脱某种情绪，只是为了让儿童更好地了解自己、了解他人，收获一些与情绪相处的启发。

第六章

情绪的特殊情况

第一节　突发性特殊事件中的情绪

7 岁的强强经历了人生第一场火灾，邻居家夜里意外失火，其实强强并没有真的看到大火，只是看到了强烈的红光，就被父母带着匆忙逃离了现场。当大火止住，脱离了危险，强强和父母暂时住在了姥姥家。接下来的几天，强强白天没有特别的反应，夜里却总是睡不好，有时窗外有车经过，车灯晃动，强强就会钻进妈妈的怀里。妈妈安慰强强危险已经过去了，但是强强依旧处于一种戒备的状态，没有办法睡好。

在生活中，诱发情绪的刺激事件随时发生。有时刺激事件是持续性的、出乎意料的，甚至是危险的，这会使情绪进入一种应激状态。人们变得易怒，攻击性增加；意志消沉，拒绝交往；持续性地焦虑，坐立不安，不能沉静地做事；饮食、睡眠都受到干扰，原本的生活节奏被打乱。这些应激的刺激来源可以是自然环境变化、内在生理变化，以及造成心理损伤的事件。自然环境变化包括持续的炎热、寒冷、噪声、潮湿、雷电等，尽管是自然环境变化，但是仍会引发人们的适应不良，尤其对于儿童，自然环境会引起儿童的焦虑与不安。一个生活在干燥内陆的儿童，暑假和父母来到海滨小城游玩，但是到了之后，天气闷热，气温远远超过原本生活的地方，住宿的地方很潮湿，被子盖在身上湿冷难耐。这种生理上的不适极有可能引发儿童的不适应，儿童的兴奋转变为抱怨，甚至是暴躁。内在生理变化主要是一种生理失衡，可能由药物引起，也可能由外部环境引起。例如，儿童长期的营养不良、遭受身体虐待或者由于药物治疗导致生理上某种激素指标变化等。造成心理损伤的事件是引发应激情绪的主要刺激，例如，父母离异前的持续争吵、经历灾害事故、父母的恐慌和焦虑、被告知要在短时间内完成联欢会的主持任务、学习压力、考级失败等。

这些刺激事件可以看作环境和自我向儿童提出的成长挑战，生活中每天都有着不同的挑战，儿童根据已经掌握的应对方式、目前的个性特点、对自我和他人的认知评价倾向、已经获得的生活经验、当前的生理和心理健康水平以及建立的社会支持系统等，面对和迎接挑战。如果儿童能够寻找到应对方法，则建立了良好的情绪调节机制度过成长的关卡；如果儿童没有很好的应对策略，挑战就成了应激刺激，甚至是危机事件。危机事件可能是家庭性的，如父母离异、家庭重组、有了兄弟姐妹、家庭经济情况发生重大变化等；也可能是社会性的，如地震、海啸之类的自然灾害，车祸、火灾、疫情等涉及某个参与群体的事件。应激状态下的儿童常见的情绪性应激反应有状态性的焦虑、抑郁、恐惧和愤怒，它们干扰着儿童的行为和生活。应激情绪是人们在特殊刺激下的正常反应，只是诱发的情绪状态和强烈程度让人们不知道该如何调适。根据儿童遭受应激后的反应的程度，情绪变化特点可以分为一般适应综合征（压力）、急性应激反应和创伤后应激障碍。

当人们面对生活的挑战，本能地从生理和心理两个方面寻找平衡与修复。修复的过程或多或少会对人们造成影响，心理学家称为一般适应综合征，也就是我们常说的“压力”。本节中将其泛指为刺激强度较低但是持续时间较长的压力状态。压力是一个很形象的概念，当有一种力作用在物体上，物体会发生变形，看上去物体的某些部分被削弱了，但是物体会逐渐变形恢复，同时回击这个力，力被反削弱。物体和力之间相互作用，最后达到一个新的平衡。这个力就是压力。压力和物体之间的作用，如同压力和人们之间的博弈。生活中的压力似乎无处不在，从儿童阶段开始直到成年、老年，不论身在何方，压力如影随形。人们希望摆脱压力，也认为儿童离开压力才能无忧无虑地、快乐地生活。然而这是对压力的误解。关于压力，虽然人们常常提到，却还有很多不了解的内容，以下有关于压力的描述，可以尝试判断一下，是对还是错。

1. 人一旦有压力的感受，首先一定会觉得神经紧张。

2. 只要你遭受到压力，你就一定知道。

3. 长期的运动会减弱你抗拒压力的能力。

4. 有压力总是不好的。

5. 压力会制造不愉快的问题，但不会置人于死地。

6. 打针、吃药就可以控制压力。

7. 离开工作单位时就会留下工作的压力而不会把它带回家。

8. 压力只是心事，与身体无关。

9. 压力是可以完全消除的。

10. 除非改变生活方式，否则你对压力一点儿也没有办法。

上述关于压力的描述，全部是错误的。人们有时并不会完全觉察到自己受到了压力，压力事件或压力源并不都是生活中的负面事件，有的可能只是很平常的或者开心的事情，例如，获得奖励、考上了理想的学校、到邻居家借个工具、即将去旅行等。压力带来的反应是多重的，首先在情绪方面，会产生悲伤、孤独、绝望、内疚、愤怒等负面的情绪主观体验；身体上会觉得筋疲力尽，提不起兴趣，头痛、肌肉痛；还会导致健忘、记忆力下降、注意力不集中；以及拒绝交往、睡不好、食欲变化，甚至做噩梦。压力会降低身体的免疫力，导致生理的疾病。压力并不会凭空消失，也不会只跟随发生的情景，儿童出现了学习的压力，不会因为放学回到家就立即轻松，放任不管会发展到更严重的生理和心理问题。

其实不仅我们在主观意识上想要抗衡压力，生理层面也积极做好了准备。研究发现，压力到来时，人们会经历 3 个阶段的生理层面的应对。首先是警觉阶段。这个阶段比较短暂，是交感神经系统自主发生生理唤醒和准备的，迅速地调整生理状态是为了应对压力，是防御的状态。其次是抵抗阶段。一个较长的中等程度的生理唤醒，肾上腺素会调整分泌，呼吸加快、血糖增加，充分调动生理内容应对环境变化。最后是耗竭阶段。压力刺激持续越久，身体因为消耗而透支，进入疲惫、倦怠的状态，虽然抵抗还在持续，但是力量微弱。3 个阶段之间的持续时间和转换时间无法预知，随着人们应对压力的策略以及与压力抗衡的时间而有所不同。3 个应对阶段也表明在长期的压力之下，身体是吃不消的。不同阶段的生理唤醒和情绪的生理唤醒情况类似，因此，在不同的压力应对阶段，情绪也随之变化。由此也证明了，持续的运动是压力调节的有效方法，运动能够促进生理唤醒，为抵抗阶段提供更多的力量。当因为压力感到全身酸痛时，适当地拉伸，舒展四肢，双手张开，尽全力举过头顶，坚持5秒钟，感受血液的快速流淌，以及之前提到的放松训练、有氧运动，都可以很好地发挥作用。

梳理儿童的压力来源，主要有学业、升学竞争、人际交往、情感，以及随着年龄增长后的生涯探索。有时压力也是交织在一起的，压力的程度可以进行主观评估。选择一个星期天，或者阳光正好的时候，或者晚饭后，和儿童一起说一下最近的压力有多大，如果用1～10打分，压力是在哪个分值上。压力感是主观感受，不要惊讶孩子的分值高过自己，也不必纠结自己的分值这么高，怎样帮助儿童缓解压力。了解对方感受到的压力指数，有利于理解对方的情绪和异常行为。“每个人都在承受压力，我们一起寻找解决的方法吧。”父母的角色定位并不是无所不能，在儿童面前坦诚自己的难处，并不会降低在儿童心目中的地位。这样也能够帮助儿童理解压力是普遍存在的，有压力其实是常态。一定的压力有利于积极地投入工作中。如果完全没有压力，或者压力很小，比如，儿童有10天的假期，但是作业只是需要背下一篇七言绝句；或者刚刚接到一个项目，结项期是一年之后；或者四年级的小学生需要完成100以内的数学运算；在假期和任务开始的时候一定是最轻松愉悦的。可是在这个时候，儿童和成人都不会积极地去完成任务，反而会觉得无聊，甚至抱怨、疲惫，无所事事。只有适当地增加压力，减少假期，或者根据能力水平设置任务难度，这时儿童的创造力、解决问题的能力才能够发挥到最好，而且会有对任务完成产生的成就感。当压力过大，儿童很难找到合理的解决问题的方法，不断地耗竭力气和信心。因此，压力调节的目的并不是将压力指数降到零，而是减少到能够处理的程度，或者说是适当的程度。只是这个适当的压力很难把握。情绪感受可以成为一个判断的依据，焦虑减缓了，愤怒可控了，抑郁状态也就适当缓解了。

因此，缓解压力的另一个方法就是调整情绪到快乐和愉悦的积极体验，设想和感受压力缓解后的轻松状态可以增强信心，比如绘画和倾诉，寻找一个信任的听众或者沉默的树洞，观看一些幽默滑稽的影片和演出等。在压力中适当地恢复认知状态，再对压力情景进行判断、分析找到解决策略。如果儿童是一个对压力敏感的个性，其他儿童并不会在意的事件，都会成为他的压力源，那么不要担心，可以恭喜他，他是一个压力承受能力较大的人，这是一个特别的能力。压力感受因人而异，压力事件随处可见，压力总是出现，别担心，我们就是与压力一起也可以很好地生活。

急性应激反应是指在遭受到突然的、急剧的、严重的应激刺激后，人们会在几分钟到 1 小时之内出现的短暂的心理异常状态。这些剧烈的刺激包括严重的生活事件，如亲人突然离世、强烈的车祸、临时的公开演讲、破产、面试等；重大的自然灾害，如火灾、地震、海啸等危及生命且亲身经历的事件；战争场面；以及隔绝的状态。刺激的剧烈程度由当事人判定，同时也受到其心理弹性的影响。就像《儒林外史》中“范进中举”故事里的范进，科举考试考了 30 多年，终于中了举人，知道消息的时候癫狂大笑，神志不清，就算摔进水坑也不知道疼痛，这就是典型的急性应激反应。只要儿童遭受到即时的强大压力，就都会产生相应的反应。心理学研究人员发现在实验中可以采取一些任务设定，也能够让儿童做出急性应激反应。研究人员要求儿童在没有准备的情况下进行 5 分钟的演讲任务，主题包括在新班级里自我介绍并讲述自己做过的一件好事和一件坏事；讲故事或者对一件不合理的事情做出解释。然后完成 4 分钟的口算任务（从 2023 开始，依次减去 17）。10 岁以下的儿童需要依次完成 758 减 7 的口算。在演讲过程中，研究人员全程保持沉默，控制表情，不做点头的回应，并且在儿童口算出错的时候立刻打断指出。在公共场所成为焦点是引起儿童尴尬的重要情景，强制性的、临时性的或者任务性的要求，会令儿童产生急性应激反应（有过相关训练经验的儿童除外）。

儿童的急性应激反应包括情绪和行为两个方面。情绪方面，以焦虑、恐惧、愤怒、抑郁、抱怨为主，有时还有大哭和狂笑，每种情绪并非同时发生，根据不同的情景以及儿童的不同认知评价，会有不同的情绪体验。但是每种情绪体验都很强烈，主观体验和生理唤醒都处于一种即将失控的状况。行为方面，会出现由于焦虑和恐惧交织的躁动不安，难以平静，双手颤抖，不能保持一个姿势，做出多余动作，无法安静，注意力不能集中，有时甚至否认事件的发生，拒绝回忆等；出现攻击性行为，通过释放能量减少压力感，儿童可能会摔打手边的物品，对他人冷嘲热讽，还有的儿童会大声喊叫；出现有伴随抑郁情绪的无助感和拒绝帮助的倾向，缄默、发呆，失去反应；还会更加依赖成人，甚至原本可以做的事情也不去做，当巨大刺激出现在生活中，儿童一下子变成幼儿，需要父母时刻的安抚，自理能力降低甚至消失；以及做出转换性的行为，越是临近考试，越是控制不住地玩游戏，不停地吃某一种零食等。

这些反应同样适用于成人，儿童的伤害性经历，尤其会成为父母的急性应激源。当在新闻中听到某幼儿园的儿童遭受了虐待或者不公平的事情，几乎所有的父母都会立即转过头询问自己的孩子，最近在幼儿园有没有发生什么样的事情。儿童与父母之间的情绪理解和共情联结总是很强烈，当父母正经历某种激烈的情绪时，儿童也会感知到，父母的焦虑和抑郁同样也会引发儿童类似的情绪。然而，也正是因为父母与儿童的共情联结，更加强化了儿童的反应。所以父母的理智与平和是缓解儿童应激状态的重要保障之一。拥抱儿童，传递给儿童安全感。急性应激反应一般在 24 ～ 48 小时之内减轻，1 ～ 3 天消失，疗愈效果也比较好。但是如果 3 天后儿童并未缓解，则儿童可能已经发展为创伤后应激障碍，需要进一步的专业治疗。

当儿童的应激情绪反应持续一周以上，导致儿童出现了长期的持续异常表现，可以推断儿童出现了创伤后应激障碍。有统计发现，约 25% 的儿童在经历交通事故后，即使没有受伤，也会出现创伤后应激障碍；如果在幼年时期经历了身体方面的虐待，约有 55% 的儿童会在成年后出现创伤后应激障碍的症状。在重大的灾难性刺激事件中，儿童的角色可能是受伤当事人，可能是幸存者、目击者，也可能受伤的当事人或者救援者是儿童的父母，这种直接或间接的经历都会造成儿童异常的心理反应。此时儿童主要的表现有 3 个：①反复发生闯入性的创伤性体验重现。儿童不受控制地回想刺激事件，不断地接触相关的物件，甚至反复做与之相关的噩梦，严重的时候还会发生错觉和幻觉。②持续性的警觉性增高。有睡眠方面的障碍，难以集中注意力，过分地焦虑、恐惧，容易愤怒，莫名地发火，当知道父母参与救灾前线，24 小时关注新闻和消息，每小时都要和父母通话确保父母的安全等。③持续性的回避。避免参加与相关痛苦刺激有关的活动，接触相关的物品，极力地拒绝回忆那段经历，甚至会出现对某些片段的遗忘，有的儿童经历车祸之后，只记得回来之后的事情，车祸当时的记忆是错乱的甚至是空白的。他们不愿与人交往，变得冷淡，即使父母已经回到身边却并不表现出开心，兴趣爱好变少，甚至对未来也失去了希望。这些症状并不需要同时都出现，根据专业的诊断方法，符合其中某些表现，持续时间超过 3 个月，并影响了儿童的正常生活，才会确定儿童出现了心理障碍。只是儿童的创伤后应激障碍有可能在刺激事件发生一段时间之后才出现，因此需要身边的亲人给予更多的关注。

尽管此时的儿童出现的异常情绪和行为需要专业的临床心理医生与心理咨询师的帮助，但是父母和成人养育者也可以提供相应的支持。首先，为儿童提供安全的心理环境和生理环境，充分地陪伴儿童，让儿童感受到成人的支持和力量；其次，和每一次的情绪问题一样，引导儿童接纳自己的情绪，每种情绪并无好坏之分，只是不同的理解角度导致我们有了不同的体验，这代表了我们对事件的看法，以及我们真实的感受；最后，尝试相应的情绪缓解方法，运动、对话、倾诉、角色扮演等，与儿童一起寻找解决和调整的方法，并耐心地等待转变的发生，相信专业的疗愈方案并积极地配合。

应激状态下的情绪并不是异常的，只是我们对异常的刺激事件的正常心理反应。因而陷入的困扰是因为力的相互作用是一个过程，从来没有经历过这样的事件让我们感到手足无措。不论我们的情绪因何而产生，它从来没有恶意，只是在提醒我们被忽略的需要，为每个人提供成长的契机。

第二节　心理异常状态中的情绪

为了更好地区分人们的心理状态，心理学家将之划分为心理正常和心理异常两个范畴。心理正常的人在人群中约占95%，心理正常的人又可以划分为心理健康和心理不健康两个范畴。其中心理健康的人具有良好的环境适应性，能够独立处理和应对生活事件，心理不健康的人在情绪、行为和认知3个方面出现了一定的状况，需要专业的心理咨询师和临床心理医生的咨询与诊疗。心理异常的人在人群中占据少数，属于精神疾病范畴，需要配合药物治疗甚至住院治疗，这时心理咨询师已经无能为力，只能求助于精神卫生中心和心理医院。也就是说，能够通过心理咨询师的访谈过程疗愈的是心理正常的人群中心理不健康的群体。心理咨询师通常会使用心理问题、心理障碍来描述这些人的困扰。由于心理学的概念时刻出现在日常生活中，导致了很多的误解和曲解。生活中人们常使用“神经病”描述某些极端的不可理解的行为，但其实“神经病”在临床医学中指代的是与神经系统有关的疾病，像神经衰弱、神经痛之类。“精神疾病”才是心理学与医学界对人们情绪、行为、认知出现不同程度障碍的心理异常病症的统称。人们排斥心理咨询，认为只有“心理有病”的人才需要寻求心理咨询师的指导。其实心理咨询包括障碍性咨询和发展性咨询，前者面向人们的不健康状态，解除障碍和困扰，后者帮助人们更好地认知自己和开发潜能。每个人都会在工作和生活中遇到挫折与压力，当陷入困境无法独立解决的时候，人们会寻求各种帮助，心理咨询就是其中比较理智且专业的选择之一。人们由于日常生活中大众将这些心理概念附加了负面的偏见，所以产生厌恶情绪，这其实是一种讳疾忌医。

在前面的章节中，所有关于情绪的分析和讨论都在“儿童心理正常”的范围内，但是儿童心理异常的比例理论上也占据5%左右。随着社会文化的发展，越来越多的家长关注儿童的情绪和心理是否出现了异常。通常情况下，心理健康和心理不健康的状态是一个动态的过程，随着儿童的成熟，同伴关系、亲子关系和社会支持情况的变化，而不断起伏摆动。但是儿童心理进入异常范畴，有的可以通过临床治疗好转，有的则要伴随终生。由于心理异常而导致的情绪有着比较典型的表现，其调节需要父母和成人养育者借助专业人员的帮助。根据CCMD-3（中国精神疾病诊断标准第3版），儿童的异常心理主要包括精神发育迟滞（智商低于69分）、言语与语言发育障碍、儿童在学龄早期出现的特定学校技能发育障碍（如阅读障碍和计算障碍）、特定运动技能发育障碍、儿童孤独症、多动障碍、品行障碍、特发于儿童阶段的情绪障碍（如儿童广泛性焦虑症和儿童恐惧症、儿童分离性焦虑症）等。接下来，笔者将主要分享几种儿童异常心理状态下的情绪特点。

儿童孤独症是导致我国儿童精神残疾的最主要的原因之一，近年来伴随着媒体报道和影视作品的传播，成为成人养育者比较关注的内容。儿童孤独症是一种发育障碍，在儿童的行为方式、语言、人际交往和兴趣方面有明显异常的表现。通常在儿童3岁之前，就有比较明显的表现，一方面是语言发育迟缓滞后；另一方面是缺乏人际交流的回应和能力，情绪反应很少。正常婴儿在出生后的几天之内就已经可以做出微笑的表情，并且在 3 ～ 6 周就能够对母亲或主要照料者回应主动的微笑。但是患有孤独症的儿童没有高兴的反应，也缺少对视，基本没有面部表情，肢体的动作回应也很少，甚至在 5 个月左右的时候，依旧没有笑容出现。他们与同龄人几乎不能交流和交往，即使语言尚未形成，也没有牙牙学语的模仿和声音，对父母的声音也没有反应。反而注意力和兴趣有限，反复重复某种动作，遵循一种没有意义的规则或者仪式。人们常常会形容自己最近“自闭”了，用来表示对压力造成的疲惫和兴趣减退，家长有时也会对儿童在某个阶段表现出的拒绝交流的情况，做出是否自闭的猜测。其实儿童的孤独症都是在儿童早期就已经呈现，在长大后才确诊的儿童属于智力正常、人际交往异常而未被在早期发现。患有孤独症的儿童大多智力发育迟滞，智力水平低于 70 分，只有少部分的儿童智力正常或具有某些方面的超常能力。智力正常的孤独症儿童也被称为阿斯伯格综合征，他们由于智力正常，语言发育没有障碍，在儿童早期的人际交往状况常常被忽视，随着这些儿童长大，他们不能理解和使用大众的交往规则，什么时候应该诚实地直接说出感受，什么时候应该保持沉默，对于大量的信息加工是淹没式的，他们行为刻板，对逻辑异常敏感。

由于孤独症的最主要表现就是儿童不能理解他人的人际交往，因此这些儿童的情绪表现与成人养育者的已有经验大相径庭，也不会按照成人的期待进行回应。他们沉浸在自己的世界里，令成人养育者手足无措。有时他们似乎在游戏，如果成人加入进来，他们不会使用表情或者身体姿势表示是欢迎还是排斥，只是在重复自己的动作，更加不会加入成人设定的游戏情景中。父母期待能够有方法将这些儿童治愈，但是现在的科学研究并没有发现孤独症有效的治愈方法，目前的所有治疗都是采取教育训练的方法，进行长期的系统干预。患有孤独症的儿童，可以依据智力水平进行不同程度的行为训练、情绪训练和人际交往训练，从而帮助他们完善自理能力，并且能够从事一些简单的工作。那些社交困难，刻板的、重复的行为会持续存在，但是及早的干预训练能够帮助儿童获得独立生活、学习和工作的能力。需要注意的是，并不是所有的孤独症儿童都具有一种尚未被发现的独特能力，部分媒体报道的只是极少数的孤独症儿童，尽管他们具备了某种能力，很多时候还是会因为社交困难和重复刻板行为而无法适应工作，更没有机会施展自己的才能。这也许是一种美好的期待，但也是一种不合理的观点。

与儿童的孤独症常常进行对比的是儿童的多动障碍，也被称为儿童注意缺陷多动障碍、多动症，这类儿童也是在 3 岁左右症状明显，他们智力正常，但是行为上常常动个不停，无法集中注意力，总是被细小的声响吸引注意力，常常在对方还没有说完的时候就进行回答，活动过多，小动作也多，不能够很好地自我控制。需要注意的是，儿童的多动障碍重点是注意力难以集中，并不是以动作的多少来决定。很多家长在要求学生专心读书或进行某项学习任务的时候，儿童由于没有兴趣，却又无力反抗，只能通过各种附加动作和行为转移注意力，释放和表达自己的想法。家长通常会担忧此时的儿童是否患有了多动症。这其实是由于大众的曲解而导致的错误认知。儿童的多动障碍在婴儿阶段已经有一定的表现，如过分地哭闹、不安宁，活动过多。随着儿童长大，他们越来越难以集中注意力，并控制自己的行为。他们一旦有了需要就必须即刻满足，行为冲动，做事情有始无终，常被其他的信号吸引，如果有其他儿童在场就常常对其进行干扰，并且动作笨拙，无法完成像是系鞋带或扣纽扣这种精细的动作，情绪不稳定，对不愉快的刺激反应激烈，冲动、兴奋、着急，学习成绩差。可能很多父母对照这段描述发现自己家的孩子就是这样的，那么请各位家长先深呼吸，关于症状的诊断，在抑郁情绪的部分曾有提及：需要注意儿童行为的持续时间，判断客观性和症状符合程度。儿童的上述行为需要持续 6 个月以上，并且能够与儿童的调皮、精力旺盛、特殊动机、品行障碍、焦虑状态等其他身心问题区分，所有症状在各种场合中的表现一致并满足 4 项以上（项目参照于 CCMD-3）。如果各位成人养育者依旧做出同样的判断，就需要带着儿童到专门的医院继续诊断。儿童多动障碍的原因目前没有定论，关于其治疗主要以药物治疗为主，很多感统训练在没有药物配合的情况下并不会很好地发挥作用，其诊疗需尊重医生的建议。研究人员曾经在 2004 年追踪了 236 例患过多动障碍的儿童成年后的随访结果，其中约 20.8% 的患者的症状已经消失，约 72.9% 的患者有残留症状，而约 11.4% 的患者依旧具有注意缺陷多动障碍。儿童多动症对儿童最大的影响是在学龄期对儿童的学习造成不良后果，儿童的智力正常，但是无法很好地集中注意力，因此也无法适应学校教学模式，学习成绩难以提高。

儿童阶段发生的以焦虑、恐惧、抑郁、强迫、悲伤等异常情绪为主的异常心理障碍，称为儿童情绪障碍，这包括儿童广泛性焦虑症、儿童恐惧症、儿童抑郁症、儿童癔症等。当儿童的情绪反应脱离了现实刺激，伴随着异常的行为和被损坏的社会功能，并且持续时间超过6个月，那么需要对儿童进行专业的心理治疗。儿童的广泛性焦虑症的主要症状就是儿童的整日紧张和烦躁不安，并且这种紧张在两种以上的活动和环境中表现一致。虽然知道自己这种焦虑没有必要但还是控制不住，同时儿童在注意力、身体疲惫、睡眠等方面都出现症状，情绪容易激动，容易引发哭闹。儿童恐惧症是指对于那些儿童知道并无危险的事物，儿童还是无法控制自己而产生异常强烈的恐惧，会出现逃离的行为。儿童恐惧症有关于动物的恐惧、高空恐惧、学校等特定环境恐惧、流血恐惧、社交恐惧、广场恐惧等，持续时间至少一个月。儿童时期的强迫症与成人症状类似，包括强迫观念和强迫动作，在青春期出现较多，包括强迫性回忆、强迫性联想、强迫仪式动作、强迫数数、强迫检查等。儿童癔症是一种躯体形式障碍，主要表现为儿童对身体失去控制。分离型癔症发作时，情绪爆发激烈，儿童哭闹严重、脸色苍白、大小便失禁，儿童会烦躁、摔东西、四肢抽动，甚至自伤，通常与周围人的关注有关，并且发作后儿童会出现不同程度的遗忘。转换型癔症发作的时候，儿童会出现四肢挺直、失聪失明、突然不能说话或者声音嘶哑的症状。儿童抑郁症伴随的是持久的、显著的情绪低落，青春期发病率较儿童期多，儿童啼哭、失望、自我贬低、行动迟缓。儿童情感障碍状态中的情绪表现与健康状态下差异不大，只是出现了泛化，即使不是相关情景和相关刺激，也会引发儿童的情绪，使儿童处于异常状态。这时情绪调节策略无法独立发挥作用，需要专业的诊疗过程。由于心理状态是动态变化的，父母需要根据儿童的症状缓解程度，随时发挥自己的力量，父母元情绪的作用更加凸显。

其实儿童的成长需要面临很多挑战，心理障碍同生理障碍一样，都是儿童和家长不需要惧怕的一段经历。如果成人养育者能够把儿童的心理障碍与儿童的感冒发生放在天平的两端，就能够更加从容地面对儿童的成长和自己的行为。当儿童出现生理疾病，父母虽然会查阅资料，但是并不会自制药物，然而当儿童出现异常的情绪和行为，父母在查阅资料和咨询后，第一个想法却是自己先试用一下。这与自配药物给儿童治病是同样的。当儿童感到饥饿，父母可以根据经验和新的知识，选择营养搭配的食谱。当儿童出现正常的情绪反应，父母可以根据自己的情绪调节策略和积累的书本知识，选择合适的方法。

大众对心理问题和心理疾病的理解与描述，让成人养育者对儿童的种种异常心理本能地排斥，尤其担心给儿童贴上一个与众不同的标签，反而造成儿童的困扰。很多患上心理障碍的儿童，其痛苦情绪有时并不是来自异常心理状态，而是因为周围人对他的差异对待。差异来自排斥和不认可。这些排斥是一种对表现形式完全的否定，他们不被尊重，无法获得和维护权益。因为被诊断为某种心理障碍，所以被退学，所以其他的小朋友的家长不允许继续与其交往互动，没有相应的学习训练机构，没有工作的机会。当然这种情况会随着社会的发展逐渐完善，已经有很多公益机构和基金会开始为不同状态的儿童群体争取合适的教育资源。在这种排斥中，儿童虽然有负面感受，但是会通过制度完善而逐渐化解。还有一种排斥却是儿童难以化解的，那是一种来自父母包装成关爱的排斥。很多成人养育者排斥这种情况，认为虽然儿童的境况让他们焦虑、着急，但是他们从不会把这些消极情绪展现给孩子，更加不会对孩子表现出任何的排斥和抱怨。那么，这些成人养育者做了什么呢？父母发现自己的孩子与大多数的孩子不同——他们有一些无法控制也无法解释的重复行为，他们收集记录一些完全无聊无用的信息，他们无法保持足够的注意力时间，所以不能很好地获取课堂知识，他们对尖嘴的动物莫名恐惧，他们对空旷的广场控制不住地开心。然后父母带着孩子进行了诊断，并且开始了漫长的治疗，并不断告诉孩子：你会好的，你已经进步了。但是这些关爱都传递了一个信息，就是这个异常的孩子错了，他和别人不一样，得改正。然而孤独症儿童的刻板行为是会伴随很久的，他们无法理解人际互动和无法停止小动作并不是主观能够控制的，这和大脑结构的变化有关，劝说的收效很小。这些孩子错了吗？感冒的儿童就不是一个正常的儿童了吗？所有的心理问题与心理障碍，心理正常与心理异常，都是心理学家区分了大多数人的行为之后进行的总结。因为和大多数人的行为方式相违背，所以难以适应大多数人，这个儿童就错了吗？所有的心理治疗只是在寻找一个特别个体适应这个世界的新的方式，寻找一种平衡，只要这个个体能够很好地工作、生活，不会对他人和自己造成伤害，社会功能正常，那么即使他继续一些特别的行为，也未尝不可。各位父母和成人养育者在面对这些儿童时，只需告诉他们：不论你处于什么状态，我都无条件地爱你，陪伴你。

有位心理咨询师说过："少数人严重的世界，跟多数人不同，这也谈不上谁对谁错。"有时候，儿童因为感知到父母那种期待自己的心情，自己却无力做到，反而承担了更多的痛苦。心理异常状态下的情绪已经令儿童很痛苦，也令父母饱受很多负面的情绪，不妨彼此接纳，包容对方的状态，允许对方的行为和表现，从而缓解儿童附加的额外情绪，也缓解父母自己的压力。

儿童期的情绪障碍通常不会延续到成人阶段，只要运用合适的方法就可以得到较好的治愈。而且心理障碍与精神疾病之间没有因果关系，并不存在患有心理问题，不及时医治就会恶化转成精神病，这与具体的症状和病因有关。每个人都有存在患上心理障碍的可能，每个出现心理异常症状的个体也都可以恢复正常。在心理咨询诊断的过程中，有一个关于判断是否患有精神疾病的“病与非病三原则”，用于判断来访人员的精神状态。原则一，主观反应与客观世界相一致。如果现实中并不存在的声音和关系被主观意识报告出来，那么就是不一致。原则二，内在精神活动的协调统一。遇到伤心的事情有悲伤的体验和悲伤的行为，遇到开心的事情有开心的体验和行为。原则三，人格的相对稳定。除非是重大的事件刺激，否则人格是不会轻易改变的，如果没有重大的事件发生，人格个性发生转变则是异常的。这 3 个原则是诊断区分的一个参照，每一项中还会有具体的考量细则，毕竟有时人们的行为表现并不明显。此外，还需要来访者报告其对自己心理状态的判断，是否意识到自己有异常，如果来访者完全违反了上述“三原则”，并且报告自己没有问题，那么就是失去了自知力，处于比较严重的精神疾病状态中了。这个原则在用来衡量他人的同时，也可以用于提醒自己。

第三节　人格特质与情绪

人格稳定性是心理健康的重要标志，心理学家相信不同的人格会影响人们环境适应过程中的态度、信念、情绪和行为，并且人格不会随着不同的时间和不同的情景而改变。关于“我是一个什么样的人”的答案，一直是人们反思和追寻的中心。不同人格特质的儿童表现出不同的情绪和行为特点。古希腊医生希波克拉底认为，根据人体中包含了几种体液，每种体液结合的不同情况，都可以对应一种情绪和行为模式。因此，他将人类划分为 4 种类型：多血质。这是一种开朗好动的气质类型，这类人热情、善于交际，兴趣广泛，情绪起伏变化较大，经常体验到快乐情绪，喜欢变化和富有挑战的任务。胆汁质。这是一种直爽的气质类型，这类人情绪起伏较大，但是不同于多血质，不仅常体验到兴奋情绪，还容易被激怒，做事比较鲁莽不计后果，虽然反应比较快，但是总粗心大意，目标感比较强，有了目标就希望赶快实现，自制力比较差，不擅长耐心细致的任务。黏液质。这是一种性情比较安静、行动迟缓的气质类型，这类人情绪起伏不大，恪守秩序，总是很稳重，不会轻易被激发情绪，也不轻易流露情绪，但是做事按部就班，缺乏灵活性，专注力比较好，很少分心。抑郁质。这是一种敏感的气质类型，这类人喜欢独处，沉静羞涩，常常体验到悲伤的情绪，并且情绪比较持久，行动上也比较迟缓，总是优柔寡断，并且显得不太合群，擅长处理细致的任务。如果对照自己和儿童的行为、情绪，一旦儿童符合某种气质类型，父母和成人养育者就能够在某种程度上接纳儿童的某些情绪反应。尽管这种人格的分类过于简单，但是几个世纪以来，它一直被人们使用着，甚至很多现代的人格理论也是在这个基础上发展起来的。很多文学作品和影视剧中，依然可以看到其中的人物角色的塑造带有这 4 种类型的典型特点。但是人类群体众多，还有一部分儿童的人格特质同时包含了两种气质类型。

因此，心理学家提出人格不能简单地以类型划分，而是从人格的结构角度区分，人格由一些连续的维度构成，即特质。特质不是有或无，而是多或少。心理学家奥尔波特将人们的特质分成共性和个性两类，共性是受到社会文化的影响群体所表现出来的特质。例如，某个省份和地域内人们的共同特点，或是某所学校或社团内的共同行为准则。个性是每个人所表现出来的独特的特质。个性可以进一步分成首要特质、中心特质和次要特质。首要特质是每个人最典型的行为特点；中心特质是 5 ～ 10 种重要的稳定特质；次要特质是只有在特殊情况下才会表现出来的特质。就像有的儿童有着流畅的语言表达能力和丰富的知识，可以在朋友面前从容应答，但是在与大多数人交往的时候沉默害羞。这样的人格描述，包含了所有人的特点，也能够解释为什么有时父母和教师观察到的儿童的行为并不一致，甚至展现出不同的人格特质。因为儿童的环境适应能力，他们在学校会遵循校园群体的文化和制度，在教师面前主动劳动，乐于承担责任，而在父母面前却撒娇偷懒。有时并不是儿童不具备情绪调节能力和自理能力，只是因为这是在家庭的环境中。这是由于儿童的不同特质在帮助儿童适应不同的环境。为了进一步明晰人格特质的具体内容，研究人员们通过实验和运算，得到了具体的特质因素。

心理学家艾森克用因素分析的方法，总结出人格的3个维度是内外倾性、神经质和精神质。这不是艾森克划分的人格类型，而是表示人们的行为和情绪是3个维度的结合，只是程度不同而已。内外倾性维度上，靠近外倾性的是活跃、乐观、开朗、善于交际，靠近内倾性的是安静、被动、保守、谨慎。艾森克将内外倾性维度上的行为放置在一个连续的闭环中，那些稳定而外倾的特点对应前文的多血质，稳定而内倾的特点对应黏液质，不稳定且外倾的特点对应胆汁质，不稳定且内倾的特点对应抑郁质。在内外倾性维度的这条线上，人们都会表现出这些行为，只是程度不同而已。所以内向的人也会有合群的时候，也会做出某些冒险的事情，外向的人也会表现出镇静和平和。神经质维度代表了情绪的稳定性程度。趋向于稳定方向的人反应缓慢，容易恢复平静，趋向于不稳定方向的人容易激动，甚至会出现喜怒无常的表现。这部分维度受到神经系统的影响。神经质维度与内外倾性维度相互结合，精神质维度则相对独立。处于得分高的一端的特点是不关心他人，缺乏情感反应，共情能力较弱，攻击性比较强。处于得分低的一端的特点是温柔，容易被说服，多愁善感。同样地，每个人都具有精神质的特点，只是程度不同。这个维度的得分并不直接指向是否患有精神病，不过与异常行为之间的联系密切。1975年，艾森克编制了人格问卷，用于测量成人与儿童的人格特质。问卷中除了包含3个维度的题目，还包含一个测谎维度。成人问卷适用于16岁以上的人群，儿童问卷适用于7～15岁的儿童。1984年，我国学者进行了本土化修订，在很长一段时间，我国儿童的心理健康测评使用的就是这个问卷。

近年来，研究人员们进一步完善人格特质理论，得到五因素模型，也叫大五人格理论。这5个维度分别是外倾性、宜人性、尽责性、情绪稳定性和开放性，每个维度的得分也是在一个单位内，分为高分段和低分段。外倾性主要体现在与人接触的过程中，偏向于高分段的人精力充沛、健谈、果断、好交际，喜欢人多热闹，喜欢支配和指挥，喜欢冒险，容易体验到积极的、愉悦的情绪；偏向于低分段的人严肃平静，不容易感受到积极情绪（并不代表容易感受到消极情绪），喜欢拥有自己的独处空间，由于较少表现出热情，并且有所保留，通常被认为是对人疏远的。宜人性表示人们对他人的态度，偏向于高分段的人信任他人，乐于合作，有同情心，愿意提供帮助；偏向于低分段的人冷淡，不愿信任他人，愤世嫉俗，对他人充满怀疑，刚愎自用，喜欢炫耀，具有攻击性，更关注公平而不愿考虑他人的感受。尽责性体现在调控自身冲动方面，以及意志和动机方面。偏向于高分段的人做事高效，喜欢制订计划，有良好的条理性，遵照规则，目标感比较强，富有为了目标克服困难的毅力；偏向于低分段的人做事拖延，容易退缩，爱空想少行动，常半途而废，做事轻率马虎，懒散健忘，不认为自己能够很好地掌控自己的生活。开放性与人们的创造力、认知风格有关，偏向于高分段的人想象力丰富，充满了奇思妙想，注重内心的感受，喜欢尝试新鲜的事物，求知欲和好奇心都很旺盛，对艺术具有一定的敏感性，不愿服从，喜欢没有秩序的状态；偏向于低分段的人喜欢实干，对环境不敏感，情绪感受的范围也比较窄，很少感知自己的情绪，也很少坦率表达情绪，喜欢熟悉的、固定的生活方式，比较保守，接受顺从。情绪稳定性与艾森克的神经质类似，处于不稳定一方时，人们比较容易体验到消极情绪，并且情绪反应强烈，自身的情绪调节能力较弱，面对压力和危险时容易紧张与不安，脾气暴躁，容易遭受打击，也容易发火，时常感到内疚、悲伤、孤独和失望；处于稳定的一方情绪比较平静，面对突发事件时也较少地表现出情绪反应，常常表现出满足的状态。

辽宁师范大学的杨丽珠教授梳理了我国儿童青少年人格发展的研究，并通过多年研究确定我国幼儿的人格由 5 个维度构成，分别是智能特征、认真自控、亲社会性、情绪稳定性和外倾性。小学生的人格维度与幼儿相同，只是每个维度的具体特质略有差别。智能特征维度包括聪慧性、探索创新、文艺兴趣、自主进取 4 种特质，其中文艺兴趣特质在幼儿阶段比较明显，而在小学阶段消失。认真自控维度幼儿体现出认真尽责、攻击反抗和坚持自制 3 种特质，小学生则还会添加计划有序特质。亲社会性维度包括同情利他、合群守礼和诚实知耻。情绪稳定性维度包括暴躁易怒和敏感焦虑。外倾性维度包括精力充沛、乐观开朗、善于交际 3 种特质。如果成人养育者希望在这几个方面考查儿童的人格特质，可以查阅《学前儿童人格他评量表》和《小学儿童人格他评量表》。

当理解了儿童的人格特质，就能够更好地理解儿童的情绪反应的稳定性，并且从科学的角度进一步认知儿童的情绪，儿童会有某些激烈的、持久的情绪反应，这些构成了儿童的个性特点。俗话说，不能头痛医头、脚痛医脚，因为疼痛的部位并不一定是病症的原因，只是病症的表现。儿童的情绪也是如此。儿童的情绪虽然都源于诱发事件，但是儿童会体验到何种情绪，情绪将如何持续，与儿童的心理健康状态有关，也与特殊情况有关——经历事件的突发严重程度以及心理异常情况。情绪的另一种特殊情况，就是这是儿童稳定的行为倾向，是儿童的人格特质。如果面对儿童的情绪只有一种理解角度，单一地使用调节策略，只会让家长和儿童不断地遭受挫折。关于儿童的人格研究有很多进展，媒体中也多有报道，譬如，比较流行的九型人格、MBTI 人格测试、性格色彩、星座、血型等，如何判断和选择最准确的人格测试与人格理论呢？笔者的建议是参照第二章第五节情商量表选择的标准，考察量表的信度、效度，并且查找询问量表的使用范围、常模分数。科学不以主观感觉的准与不准衡量，而是以可证伪性和数据证据衡量。很多关于儿童的理论和测量，如果只有个别案例的举例证明，却没有客观可重复的验证性数据，那就只是一种理论假设，还需要进一步的检验才可以。不过，社会心理学家已经证明星座和血型所推测的人的行为与情绪特点是不可信的。心理学家将星座的名称隐去，然后把描述传给参与实验的人，每个人都认为这是对自己的描述。心理学家故意将一份错误的人格分析传给某个实验参与人，在其报告分析很准确的时候，告诉他工作失误，重新将正确的传给他（其实仍是错误的），实验参与人依旧会在一段时间的自我观察中认为这是准确的。对比每个星座的性格描述，不难发现这些都是笼统的描述，人们会在这些笼统的描述中寻找到与自己行为一致的部分，而认为这是准确的，这是一种巴纳姆效应。所以，为了更好地探查儿童或自己的人格特质，还需要依据更多的客观信息。

如果从人格塑造的角度看待儿童的情绪，那么培养完整人格的同时就是在培养儿童的情绪调控能力。已有研究人员发现，婴儿阶段就已经表现出一定的行为和情绪特点，在幼儿和小学阶段，儿童的人格特质有着不同的发展速度，但是在 5 岁左右，儿童的人格便已经开始形成。在儿童成年之前，人格不断地完善，结合他人的反馈，自我的成熟，以及青春期生理和心理的双重动荡，要在 20 岁左右逐步稳定。心理学家埃里克森提出不同年龄阶段儿童人格发展的心理需求，他认为儿童只有完成这个阶段的心理任务，才能获得完整同一性，核心心理任务的失败会影响儿童的一生。

出生到 1 岁，核心冲突是基本信任和不信任。主要在婴儿与父母的互动中实现，当婴儿表达饥饿、寒冷的需求，父母出现的及时和互动的温馨程度，都会对儿童的人格形成产生一定的影响，这个阶段儿童在人格中形成希望的特质，当儿童建立良好的信任感，儿童会信任自己和他人，乐观，内在产生好的感觉；如果儿童建立的是不信任，那么儿童会对自己和他人产生悲观与不信任。

1 ～ 3 岁，心理冲突是自主对羞怯。主要体现在儿童有意识地主动决定做什么或者不做什么，这个阶段的儿童具有了行动能力和语言能力，他们开始不断地尝试和触碰。这是一个父母与儿童建立行为规范、继续自我控制训练的时候，儿童自己吃饭，独立上厕所，形成良好的行为习惯。父母此时教会儿童危险与安全，要鼓励儿童的自主行为，又要控制儿童的任性，对父母来说是一场挑战，但是儿童会在这个阶段形成人格品质中的意志品质。如果儿童很好地度过这个冲突，将获得自主性，形成自我控制能力；反之，儿童羞怯、怀疑、刻板严厉，过于关注自我表现，缺乏自主性。

3～6岁，心理冲突是主动对内疚。此时父母的任务是对儿童的探索行为表达鼓励和支持，让儿童的主动行为获得成功的欢乐，当儿童的主动感超过内疚感时，儿童形成追求有价值的目标的勇气，这种主动性促使儿童形成责任感，对自己的未来具有方向性和目的性。如果冲突没有被消除，儿童就会逐渐失去信心，甚至会产生对自己的目标与成就的愧疚感。

6～12岁，心理冲突是勤奋对自卑。这时的儿童已经进入学校学习，学习任务成为儿童衡量自己的重要标准。如果儿童顺利地完成课堂学习就会获得勤奋感，否则持续的学业失败会使儿童产生自卑感。当勤奋感大于自卑感，儿童认为自己是有能力的，能够完成工作；当自卑感大于勤奋感，儿童认为自己是无能的，会在人格中发展出自卑。

12～18岁，心理冲突是统一性对角色混乱。这时的儿童进入青春期，开始思考自我，思考自己在他人和团体中的角色、位置、形象。如果在这个阶段能够寻找到自己与环境的平衡，就可以获得内在的一致性，对自己产生良好的认知。如果寻找不到这个平衡，则会对团体和他人产生怀疑与排斥。因此，这个阶段的儿童更加关注负面的信息，时刻都在质疑，父母需要协助儿童用更全面的观察和反思视角来看问题。

参照儿童每个年龄阶段的心理发展任务，帮助儿童应对冲突的过程就是塑造儿童人格的过程，也是父母的养育过程。埃里克森认为儿童的几个发展阶段是一个相互联系的整体，上一个决断心理冲突完成的情况影响下一个阶段的任务，并在整体上对人格产生影响。家长的养育和学校的教育影响儿童是否能够顺利度过每个阶段。

人格不仅受到后天教育的影响，心理学家还发现，人格特质具有一定的遗传性。观察统计双胞胎之间的大五人格特质，会发现同卵双生子在人格特质上比异卵双生子更相似，相关系数达到同卵双生子 0.52，异卵双生子 0.23（德国比勒费尔德大学心理学家雷纳·里曼 1997 年研究结果）。这表明，遗传基因更接近的人之间，人格更相似，人格特质是具有一定的遗传性的。事实上，实验发现大五人格的每一个特质都具有遗传性。这也解释了，为什么子女不仅在相貌上与父母相似，在性格、脾气上也有一定的相像。这不是儿童在成长过程中学来的，而是儿童通过遗传基因得到的。但是子女的性格中也有一个部分与父母并不相同，甚至完全相反。这表明儿童的人格还受到环境和人际交往的影响。对于遗传的部分，父母和成人养育者无法控制，但是对于受到环境影响的部分，就是父母不断传递给儿童的反馈，以及分享的人生经验。这份人生经验中有关于世界的知识，有社会的规则，还有情绪调节的策略。情绪是儿童的心理活动之一，每个独立个体的内在心理活动都是同时运作的。儿童的情绪调节离不开儿童的个性、人格、对世界的态度。情绪调节是为了让儿童更好地处理自己与环境的关系，更好地适应，更好地交往与学习，当儿童独立面对未知的挑战时，内心充满信心和力量。换而言之，就是让儿童不论在何种时间、何种空间，都拥有稳定的、适应的、有助于成长的稳定行为和情绪。情绪调节的最终目的是实现儿童人格的完善。

结　语

当人类接触客观事物，所产生的态度体验和相应的行为反应就是情绪。情绪属于心理活动之一。心理学通过对人类行为的观察、描述，寻找背后的原因，以期达到对心理活动的控制和预测，从情绪的理论、分类、发展阶段、调节策略，到与情绪有关的特殊情景，成人与儿童都在尝试运用这些知识和经验实现对情绪的控制。而这些经验和实验结论表明人们确实已经实现了对情绪的部分控制。控制是人们一直采取的行为，控制感也是人们重要的内心感受。一旦失去控制，失去秩序，人们的心理也难以保持常态。心理咨询中有一个策略就是帮助来访者获得控制感，爱人的不理解，父母的不可沟通，孩子的不听话，同事的不配合，时间的不停留……这一切的失控导致了我们的焦灼。而通过一些知识、经验、计划，使生活和工作按部就班，归于秩序，内心也会归于平静。儿童情绪心理学虽然是一个心理学的研究范畴，但是每一个研究进展都与儿童的成长息息相关。父母和其他非心理专业的成人养育者愿意接触这些建议，也是期待能够减少儿童成长教育指导的失控感。成人在面对儿童的时候，最担心的就是束手无策。尽管书中的分享包含了很多应对儿童情绪的实施方法，但是方法并不是最重要的，方法背后的出发点、道理和观念更加重要。只有掌握了科学的儿童观和情绪观，才能真正地获得控制感。在协助儿童认知情绪、调节情绪的过程中，父母的控制感来自对情绪相关知识的掌握和运用，并非来自对儿童情绪反应的掌控。希望本书内容的分享可以成为各位父母和成人养育者处理儿童情绪的参照策略。儿童情绪调节的目标指向未来，父母获取儿童情绪知识的目标同样也指向未来。祝福各位，当有一天面对完全未知的儿童状况时，依旧有信心处理和面对，依旧敢于并乐于与儿童一起尝试、一起成长。